吉林大学本科教材出版资助项目

普通高等教育“十三五”系列教材

地下水资源管理

鲍新华　罗建男　辛欣　编著

中国水利水电出版社
www.waterpub.com.cn
·北京·

内 容 提 要

本着通俗易懂的原则，本教材包括地下水资源管理概述、线性规划在地下水资源管理中的应用、动态规划在水资源管理中的应用、其他规划模型在水资源管理中的应用、地下水资源管理的工作步骤内容。

第1章介绍了地下水资源管理相关概念、地下水资源管理模型及构成、地下水资源管理模型建模等。第2章在线性规划基本内容基础上，介绍了嵌入法和响应矩阵法在地下水稳定流和非稳定流理论中的应用。第3章通过几个实例，对比介绍了动态规划在水资源管理方面的初步应用。第4章介绍了多目标理论基础和简单应用，讲述了层次分析计算过程和应用注意事项。第5章简要介绍了地下水资源管理的工作程序。

本教材供地下水科学与工程专业、地学类院校的水文与水资源工程专业的本科生使用。

图书在版编目（CIP）数据

地下水资源管理 / 鲍新华，罗建男，辛欣编著. -- 北京 : 中国水利水电出版社，2020.5
普通高等教育“十三五”系列教材
ISBN 978-7-5170-8574-4

Ⅰ. ①地… Ⅱ. ①鲍… ②罗… ③辛… Ⅲ. ①地下水资源－水资源管理－高等学校－教材 Ⅳ. ①P641.8

中国版本图书馆CIP数据核字(2020)第107887号

书名	普通高等教育“十三五”系列教材 **地下水资源管理** DIXIASHUI ZIYUAN GUANLI
作者	鲍新华 罗建男 辛 欣 编著
出版发行	中国水利水电出版社 （北京市海淀区玉渊潭南路1号D座 100038） 网址：www.waterpub.com.cn E-mail：sales@waterpub.com.cn 电话：（010）68367658（营销中心）
经售	北京科水图书销售中心（零售） 电话：（010）88383994、63202643、68545874 全国各地新华书店和相关出版物销售网点
排版	中国水利水电出版社微机排版中心
印刷	北京瑞斯通印务发展有限公司
规格	184mm×260mm 16开本 6.25印张 156千字
版次	2020年5月第1版 2020年5月第1次印刷
印数	0001—2000册
定价	**20.00**元

前言

地下水资源管理作为现代水文地质工作重要的技术手段之一，在生产和科学研究领域发挥着不可或缺的作用。但对本科生而言，合适的且偏技术方法的、难度适中的地下水资源管理教材较少。目前的地下水资源管理著作或年代久远，或理论过深实例偏少，或偏水资源评价、需水与供水预测、节水与保护、水资源规划等管理方面，特别是地下水资源管理中的响应矩阵法是地表水资源管理技术方法中没有的。因此，为本科教学的需要，作者在多年讲授地下水资源管理课程基础上，特编著成此书。

本教材包含地下水资源管理概述、线性规划在地下水资源管理中的应用、动态规划在地下水资源管理中的应用、其他规划模型在水资源管理中的应用、地下水资源管理的工作程序共5章。教材主要内容可分两部分：一部分是地下水资源管理相关概念，包括地下水资源管理、地下水资源管理模型及构成、地下水资源管理模型建模及求解等；另一部分是运筹学优化方法在地下水资源管理模型中的应用，包括线性规划、动态规划、多目标规划和层次分析法等优化方法。为保持内容的前后衔接、作者力图通俗、简明地将运筹学中应用的理论与方法简要介绍，避开过深的推导与理论阐述。关于运筹学更多的系统内容，目前适合各层次的著作很多，大家可以方便地找到自己需要的参考内容。目前在地下水资源管理中应用的技术方法很多，考虑学时不多、抛砖引玉的作用，以运筹学为主的应用方法也仅选讲了最基本的几种。实际上，除了本教材介绍的内容外，非线性规划、整数规划、各种智能算法等技术方法还有很多，是本教材所没涉及的。

教材中线性规划及应用、动态规划及应用部分是教材最主要内容。教材避开过深的理论介绍，通过相同问题不同求解方法的简单典型实例对比，深入浅出地将比较复杂的响应矩阵法建模介绍得清晰简明。此外，为配合教学，还将目前学生比较熟悉的 Excel、LINGO、Matlab 等软件工具应用于教学中，使学生达到学以致用的效果。

教材介绍的只是地下水资源管理中最基本的技术方法，在知识系统性和理论深度上均有不足之处，期待教材使用者对教材内容提出宝贵意见，并发送至作者邮箱 baoxh@jlu. edu. cn。作者拟在本版基础上继续修改完善教材内容，适时再版。

教材出版得到吉林大学“十三五”规划教材项目资助，特此表示感谢。

作者

2020 年 1 月

目录

第1章　地下水资源管理概述

就地表水来说，类似的课程名多称为“水资源规划与管理”或“水资源系统分析”，对应“地下水资源管理”称为“地下水资源规划与管理”似乎更贴切些。单就字面上理解，管理侧重在计划的执行，规划侧重在计划的制定，因此规划与管理似乎更全面些。这里的管理应理解为“规划与管理”。由于学科的不同，类似水力学中恒定流、非恒定流的概念，地下水中则称稳定流、非稳定流，所以本教材仍沿用地下水管理这一称谓。

1.1　地下水资源开发利用中存在的问题

地下水资源开发管理过程中，由于不合理开发利用，如地下水过量开采、开采量时空分布不合理等，会产生一系列相关问题。归纳起来，大致可分为以下几个方面：

（1）区域水位持续下降、水源枯竭等问题。

（2）地面沉降、地裂缝、岩溶塌陷等工程地质问题。

（3）地下水质恶化、海水入侵等问题。

（4）土壤次生盐渍化和次生沼泽化、植被枯萎等生态环境问题。

以上问题中，从水均衡角度看，除了地下水过量开采必然会导致地下水位持续下降外，很多问题是由于不合理地下水开采造成的。

还应特别注意对弱透水层概念的再认识，这是一个逐渐的认知过程。实际上，饱水情况下，弱透水层首先也是一个含水层。从孔隙度概念看，弱透水层的含水量一般还大于同体积的砂砾石含水层。只是由于导水速度慢而体现为弱透水。短时间上看，相对开采含水层而言，弱透水层可视为隔水层。但若从厚度大、长时间、大范围上考虑问题时，在适当水头驱动下，其长时间大范围上可给出相当数量的水量。而且给水同时伴随的压缩变形大部分是不可逆的。据不完全统计，截止到2003年，我国有50多个城市发生了地面沉降，总面积约94000km^2（郭海朋等2017年指出仅华北平原沉降面积就达140000km^2），最大沉降速率达80～114mm/a（天津、太原），天津塘沽最大沉降量超过3m（段永侯，1999；殷跃平等，2005；赵勇等，2006），其原因主要就是这种弱透水层不可逆长期开采释水压密所致。虽然开采井多布置在相邻的含水层中，但长期看，大部分抽水量却来自相邻的弱透水层，这是一个很有意义的逐渐认知。

1.2　地下水系统及其利用

传统的水文地质学基础教材中，关于地下水系统有两个概念，即地下水含水系统和地下水流动系统，并倾向于认为地下水系统指后者（王大纯等，1995），近年地下水流动系统得到了更多的研究关注（张人权等，2018）。

无论是地下水含水系统还是地下水流动系统，都是基于系统概念提出的。而对于地下水系统而言，研究中还应注意到地下水系统是开放系统的特点。

系统科学中，根据系统与外界是否存在物质、能量、信息的交换，将系统分为封闭系统、半封闭系统、开放系统。开放系统指系统与外界存在物质、能量、信息的交换。系统科学认为，对开放系统，如果系统与外界在物质、能量、信息上交换的数量、方式、强度不清楚，是无法推演系统的过去或预测系统未来的。作为地下水的开放系统，这一思想极大地挑战着地学将今论古（the present is the key to the past）的基本方法。

与地表水相比，地下水分布广泛，有时空调蓄功能，水质多较好。可以作为工业、农业、生活等的供水水源，且保证程度高，便于就地开采。特殊类型地下水有肥效、疗效、热效、冷效、净化等功能。

地下水总量大、循环慢。开发利用中还应注意各种污染问题。地下水质遭受污染恶化不易察觉，特别是农药化肥等缓慢污染情况。对遭受污染的地下水，恢复治理难度也比较大。

1.3　地下水系统要素

从补给角度看，作为地下水补给项的有降水渗入、河流等各类边界的补给、相邻含水层的补给、灌溉水回渗补给、人工补给等。与补给对应的排泄项有蒸发、向河流等各类边界排泄、向相邻含水层排泄、人工开采排泄（井、巷道排水等），还包括地下水研究比较多的泉排泄。对于补给和排泄，要注意研究水量、水质、补排方式等。

研究地下水管理问题，涉及很多参数。与传导相关的有渗透系数、导水系数、越流系数等，与水量相关的有给水度、储水系数，与水质运移相关的有弥散度、弥散系数等。

研究地下水管理问题，还要涉及两类变量：一类是人们可以控制的，包括开采、回灌、人工补给等的数量、方式、位置等，将这类变量称为决策变量；另一类是由于调控对地下水的影响而表现出来的，包括水位、水质浓度、温度分布等，将这类变量称为状态变量。

1.4　地下水资源管理的概念与内容

1.4.1　地下水资源管理

地下水资源管理（groundwater systems planning and management）是指在一定的约束条件下，通过对地下水系统中各种决策变量的操纵，使既定的目标达到最优（陈爱光等，1991）。

这一概念是指在一定的空间时间范围内，采取行政法律、工程、技术与经济措施，统筹规划和科学管理区域内地下水系统（也应包括地表水和其他水资源），并通过对各种决策变量的操纵，达到既定的目标（技术、经济、社会、环境等目标）优化。

不论管理目标是否具有多样性，其最基本的管理内容和方法均应包括合理控制地下水开采量和优化地下水位的研究。建立地下水注水屏障或抽水槽，防止海水入侵或劣质水入侵；为实现地表水和地下水的联合运转，进行人工回灌和开发地下水库的研究，以及分析地下水和地表水水量、水质多年周期机制的形成，进行流域（盆地）内跨流域整体水均衡、水动态的预测和各种水资源的优化调度和分质供水的研究等。

地下水资源管理的基本目的是把危害地下水系统的因素降低到最小，使用水者从环境和经济技术上获得最大的效益。通过地下水资源管理进行优选水源，制定水利系统设计方案，对含水层储量、地下库容的容积、未来需水要求、环境保护措施、人工补给及水源联合开发等问题进行长远考虑和设计，以最终满足各方面的需水要求。

1.4.2　为专门目的服务的地下水管理内容

为专门目的服务的地下水管理，种类繁多，无法一一列举。现仅就几个主要方面论述如下。

1. 为城市生活和工业用水服务的地下水管理

供水水源是城市生活和工业发展的基本条件之一。城市水资源匮乏已成为世界性的问题。据不完全统计，我国 360 多座城市，总缺水 63.5 亿 m^3，缺水率为 9.6%。如果禁止地下水超采，部分城市水资源利用已经远远超过水资源承受力。其中华北地区最为突出，地下水超采量占总供水量的 20%左右（赵勇等，2006）。可见城市地下水过量开采的情况已很严重，必须引起重视。

概括城市地下水管理的主要内容有以下几方面：

（1）控制城市发展规模，调整工业布局，合理配置水源地。我国一些城市，在制定发展规划时往往不重视城市供水水源保证度的论证，加上工业布局过于集中和水源地分布不合理等，使紧缺的地下水在集中过量开采条件下，出现水源危机和一系列环境地质灾害。如沈阳地区，由于大工业城市都集中在浑河冲洪积扇上，而且都以地下水作为主要供水水源，工业用水量占全省地下水开采量的 2/3，造成地下水严重过量开采，部分含水层已被疏干。又如石家庄市，它是我国以地下水作为唯一供水水源的城市之一。自 20 世纪 50 年代到 80 年代初，该市已由一个中小城市迅速发展为一个拥有 93 万人口的新兴工业城市。由于当时在制定城市建设规划时，对水资源论证不足，使城市布局很不合理，工业厂矿布置过于集中市区。根据 1985 年资料，全市共有水井 570 眼，大部分集中在市区及其邻近地区，加上无计划地乱采滥用地下水，开采过量，使浅部含水层被大面积疏干，造成浅井不断报废的恶果。因此，对上述类型的城市，实行控制城市发展，调整工业布局和合理配置水源地是解决和缓解城市供水紧张的重要途径。

（2）控制地下水过量开采，开发地下水库，进行水资源的时空优化调蓄。近些年来，我国和国外一些国家，如以色列、瑞典、荷兰及法国等，为了满足城市和工业供水的需要，已把地下水资源调蓄和人工补给作为扩大地下水可采资源的重要途径。

据统计，在我国 29 座主要城市中，10%已出现部分含水层枯竭现象，约 80%出现了地下水水质恶化现象，20%发生了地面沉降和塌陷。虽然这些环境地质问题的成因复杂，但都和地下水过量开采有着直接或间接的关系。因此，对这些已经严重超采地下水的城市要严格控制地下水的开采量。在有条件的地区，如我国北方干旱和半干旱地带的山前冲积扇地区、华北平原、古河道地带、山间河谷、沿河地带以及岩溶泉域等地，均具有良好的储水和入渗补给条件，而且降水量集中，因此在这些地区可以采用天然与人工回灌相结合的措施，开发地下水库，在丰水年或汛期拦蓄部分洪水和弃水，通过人工补给储于地下，以备旱年或旱季开发利用。在严重缺水或水源危机突出的城市，也可实行从区外引水，在满足城市、工业直接用水后，将余水补给地下水库，以备干旱季节或年份紧急供水之需。

（3）合理开发利用水资源，努力实行分质供水。一个城市可能兼有地表水（包括引进水)、地下水、循环水和再生水等各种水源，也可能拥有其中某一种或几种水源。而城市供水的原则应该首先满足居民饮用和生活用水，其次是兼顾城市工农业用水。因此，为充分利用各种水源，实行分质供水是十分必要的。

一般说，地下水水质优良，不易受污染，应主要用来满足居民饮用水的需要，剩余部分可用作工农业生产供水。

城市水资源管理机构应对城市工农业、文化娱乐用水的性质及其产品和农作物的特点进行全面分析，并根据按质论价的水法条例，最终实行分质供水，以达到充分发挥水资源开发的潜力，保证城市供水的需要。

(4) 严格执行地下水资源的保护和开发利用的监督措施。至今，我国已有不少城市的地下水已遭受污染，甚至在某些严重污染地区已迫使一些水源地或水井停止生产。因此，根据不同水文地质条件对地下水补给区设置水源保护区，对水源地、供水井设置卫生防护带是十分重要的。在市区内和城市附近，要严格管理好污水的排放；对已造成污染的厂矿企业要加强治理，以保证城市人民饮水卫生和满足城市各类用水的需求。

此外，从解决城市供水的长远利益考虑，还要注重采取开源节流，挖潜扩采，提高工业用水的重复利用率，净化污水，改善环境和增加再生水资源利用等措施。

2. 矿区供排结合的地下水管理

通常，矿区都存在供水与排水的问题。尤其在地下水补给条件好、富水性强的地下采矿地区，实行供排结合的地下水管理是十分重要的。

由于矿区地质和水文地质条件的限制，一些矿床直接储存于富水的地质构造断裂带中或通过这些构造带沟通了附近含水层，造成矿床充水，或因采矿时掏空、减压，造成顶底板突水，从安全和生产出发，这些地区都须进行矿坑排水。

从矿坑排出的水，根据水质情况，有时可直接用作不同目的的供水，或经水质处理后用以满足用户的需水要求。当矿坑排水不足以满足需水要求时，再用井水水源补足，这样既可节约水源又能满足安全生产和用水的需求。

当然，在进行供排结合开发利用矿区水资源的过程中，同样要注意做好卫生防护工作，以确保安全供水的要求。

3. 为农业用水服务的地下水管理

据统计，我国总用水量约占全国总水资源量的17%。其中，农业用水约占88%。当前，我国地下水主要用于农业灌溉，约占地下水开采量的80%以上。

目前，在我国大部分农业灌溉地区，由于灌溉技术较落后，灌溉制度和农作物布局等还不尽合理，农田灌溉用水浪费严重；有些灌区，因只灌不排还造成了农田旱涝盐碱等灾害。因此，农业灌溉地区的地下水管理应着重注意根据不同农作物的布局和农业结构情况进行合理布井，制定合理的灌溉定额，改进灌溉技术，根据土壤结构、包气带岩性和浅层地下水的水文地质条件建立合理的灌溉和排水相结合的工程系统；在旱涝盐碱灾害并存的北方干旱、半干旱平原区，应采用地表水与地下水联合开发利用，井灌、渠灌结合，灌排结合以及灌水、排水和改水、改土结合等综合措施，以控制水盐平衡，获取农业灌溉和农田灾害治理的综合效益。

4. 区域水资源的统一规划和合理调配

区域水资源统一规划的目的在于对流域内的地表水和地下水(包括再生水)，上、下游用水，工农业用水和生活饮用水，生态环境美化与文化娱乐用水等实行统一规划，以达到合理开发水资源，实现优化配水，提高流域内各用户用水的综合效益的目的。

总之，地下水资源管理的主要内容应包括：对地下水尚未开发或很少开发的地区进行区域地下水资源评价与地区需水量的预测；计算区域内各种水资源随时间和空间过程的可利用量；制定区域各大用水户的水资源优化分配方案；预测地下水开发利用后可能引起的环境灾害及其防治措施等。对已开发或已大量开采地下水的地区，根据现有地下水开发利用现状和已出现的环境地质问题，进行合理调整水井布局和井的出水量；加强地下水补给区、供水水源地和水井的卫生防护；为防止或缓解地下水过量开采和环境地质灾害，实行地下水和地表水的联合开发利用，进行人工补给地下水和开展地下水库的人工调蓄工作；采取有效的开源节流措施，制定分质供水的优化调度方案和建立健全的地下水监测网。

上述各种为专门目的服务的地下水资源管理内容和要求都可以通过建立和运用专门的地下水资源管理模型来实现管理的最终目标。

1.5　地下水资源管理模型的概念及分类

1.5.1　地下水资源管理模型

地下水资源管理模型是为达到某既定的管理目标，应用运筹学等求解最优化的技术方法所建立的一组地下水资源数学模型。

一般来说，地下水管理模型往往是由两个数学模型偶合而成，即由地下水流或溶质迁移的模拟模型（又称预报模型）及最优化模型偶合构成。换言之，地下水资源管理模型是这样一个复合模型，它既考虑所研究的水资源系统自身的特殊性能（水量水质的内在关系），又在管理决策人员给定的管理目标与限定条件下给出最优的管理决策。

1. 建立地下水资源管理模型时应考虑的因素

（1）水力水质因素：即控制地下水系统的水动力水化学条件，这是系统发展演化的基本制约因素，也是建立管理模型的基本依据。

（2）经济因素：分析管理方案实施时产生的经济效益及所需费用，诸如价格、成本、利润、净效益等。

（3）自然环境因素：评价如何通过建立管理模型维持环境的生态平衡，防止污染，有利于水土保持等。

（4）技术因素：在制定管理方案时要考虑所选用设备能力、设施规模、运营方案，建立合理的管理制度。

（5）法律政策因素：包括各种法律（《水法》《环境保护法》等）的要求，管理体制的约束，合理政策的制定等。

2. 地下水资源管理模型的组成

一般形式：

目标函数　　（一个或多个）

约束条件　　（一般多个）

目标函数和约束条件中包含多个决策变量和状态变量。

人为可控的变量称为决策变量。有时候把表示系统状态的变量称为状态变量。

上述优化模型的含义是，确定模型中决策变量的解，在满足约束条件的前提下，使各个目标函数的值达到最优。

在地下水资源管理模型中，常见的目标函数有以下几个：

（1）使整个系统运行费用最小。

（2）使整个系统收益最大。

（3）在规定的允许降深条件下，使总抽水强度最大。

（4）在抽水强度一定的条件下，使不同部位的总降深最小。

（5）使被污染地下水的修复效率最高。

（6）使实际水位（浓度）和预测水位（浓度）的拟合程度最佳。

在地下水资源管理模型中，可以作为决策变量的变量有以下几个：

（1）抽水强度的时空分布。

（2）人工补给强度的时空分布。

（3）人工补给水源的水质。

（4）抽水井（汇）及回灌井（源）的空间分布。

（5）不同部位污染质输入项的浓度分布，等等。包括所有可以操纵且对预期目标有影响的变量。

在地下水资源管理模型中，常见的约束条件有以下几个：

（1）有关地下水流遵循的固有规律的表达，包括质量守恒原理和能量守恒及转化原理，常由预测模型转化而成的等式约束来表达。

（2）总抽水强度或总回灌强度的约束。

（3）为控制水位的过低或过高而施加的水位约束。

（4）有关溶质浓度的约束，等等。

3. 地下水资源管理模型的构建

从地下水资源管理模型的构建上来说，可以认为它由 3 个部分组成：①预测模型；②优化模型；③预测模型与优化模型的耦合集成技术。

预测模型用以描述地下水系统输出对输入的响应关系，即对应于某个输入决策而产生的效果，是地下水系统固有规律的表达，包括地下水水流模拟模型和地下水溶质模拟模型，它们通常以等式约束的形式出现在优化模型的约束条件之中。地下水资源管理的优化模型必须以预测模型为基础。

优化模型用以描述地下水系统及其所面临的决策环境，除了地下水系统本身的因素之外，还要考虑与地下水资源开发利用和生态环境保护有关的政治、经济、生态等多种因素，通常以目标函数和约束条件的形式予以表达。

预测模型与优化模型的耦合集成技术是运用某种技术方法把预测模型的转化形式表达在优化模型之中，实现二者的耦合集成，常用的方法有嵌入法和响应矩阵法等。

1.5.2　地下水资源管理模型的分类

1. 按管理模型中变量的性质划分

地下水资源管理模型按管理模型中变量的性质可分为确定性系统管理模型和随机性系统管理模型。

（1）确定性系统管理模型。确定性系统管理模型是指所研究地下水资源系统的变量和参数是可给定的一个有限的固定值或一组固定值。换言之，该系统的自变量和因变量之间的关系可用严密的函数关系来表示。

（2）随机性系统管理模型。随机性系统管理模型是指系统的参数和变量均是随机的，其相互关系也是随机性的。当采用这类系统管理模型时，需要进行长期系列观测数据，用数理统计方法建立随机现象间的相关关系。如河流流量、降雨量、河水水位等，常以其概率分布或时间序列模型来处理。

2. 按参数分布状况划分

地下水资源管理模型按参数分布状况可分为分布参数系统管理模型和集中参数系统管理模型。

（1）分布参数系统管理模型。分布参数系统管理模型即系统内各空间点地下水运动要素和参数，是由空间变量来描述的。分布参数模型适合于需要细化问题的描述。

（2）集中参数系统管理模型。集中参数系统管理模型是指当不了解或不需了解参数随空间坐标的变化，而只能把握整个系统状态随时间变化规律时所建立的管理系统。此时建立的管理模型称集中参数系统管理模型，集中参数模型多适合于宏观问题的描述。

3. 按解决问题的性质划分

地下水资源管理模型按解决问题的性质可分为水力管理模型、水质管理模型和政策评价及经济管理模型。

（1）水力管理模型。水力管理模型是单纯考虑系统水力要素，不涉及其他要素如水质的、经济的、法律的要素所建立的管理模型。

（2）水质管理模型。水质管理模型是主要考虑如何控制与改善水中溶质浓度及其迁移规律而建立的管理模型。

（3）政策评价及经济管理模型。政策评价及经济管理模型是随着管理问题的深入，经济与政策问题愈益重要而建立的管理模型。此类管理模型有逐渐代替单纯水力或水质管理模型的趋势。

4. 按目标函数及约束条件的性质划分

地下水资源管理模型按目标函数及约束条件的性质可分为线性规划管理模型和非线性规划管理模型。

（1）线性规划管理模型。线性规划管理模型是由线性的目标函数和一组线性约束条件组成的管理模型。这是最常用也是较易掌握的一类管理模型。

（2）非线性规划管理模型。非线性规划管理模型是由部分或全部约束条件和（或）目标函数是非线性时所建立的管理模型。大多数问题都属于非线性问题，求解时，往往将非线性问题线性化，而求其近似解。

5. 按目标函数多少划分

地下水资源管理模型按目标函数多少可分为单目标管理模型和多目标管理模型。

6. 其他几种类型

此外，地下水资源管理模型还可划分为单阶段（静态）管理模型与多阶段（动态）管理模型；单系统管理模型与大系统（或多层次）管理模型。这些即是采用不同优化方法——动态规划、系统分解——而建立模型，这类模型更复杂也更逼真（许涓铭，1988；于福荣等，2011）。

1.6　水文地质模型及求解

1. 水文地质实体

水文地质实体：由地下水流系统及边界构成的实际的地质体称为水文地质实体。水文地质实体更侧重地下水系统的实际地质复杂程度。

水文地质实体简化的必要性：

实体复杂程度
解决问题的单一性 } 必要性

2. 水文地质模型

水文地质模型：为研究目的需要，在充分分析地质、水文地质条件的基础上，对水文地质实体进行一定抽象概化后的物理结构称为水文地质模型。

水文地质模型概化原则如下：

(1) 要简单，便于处理。

(2) 不应太简单，以免失真。

(3) 应有较充分的资料用来校正模型。

(4) 技术经济上合理可行。

3. 水文地质概念模型

此外，还有水文地质概念模型的说法。这一提法近年比水文地质模型用得更多些。1984 年在莫斯科举行的第 27 届国际地质大会上，法国的卡斯塔尼（G. Castany）认为是“对现场和实验中所收集到的具体数据的集合”，即“表示有关含水层结构和作用及含水层特征方面的数据图”，也就是概念示意图。表示内容：含水层结构特征、流量、水位、参数在空间的分布特征、边界条件等。

1∶250000 区域水文地质调查技术要求中，水文地质概念模型是指把含水层实际的边界性质、内部结构、渗透性质、水力特征和补给、排泄等条件概化为便于进行数学与物理模拟的模式。

卡斯塔尼的两个例子如图 1.1 和图 1.2 所示。

地下水系统、水文地质模型（表示内容一直不十分明确）、水文地质概念模型等概念基本类似，共同点是突出了系统性、整体性、内部特征、边界交换条件等，近年来水文地质概念模型文献中出现的更多些。

4. 水文地质模型求解

(1) 物理模拟。物理模拟是基于模型与原型之间的物理量相似（电流-渗流）为基础的模拟试验。实验室中用到的渗流槽、还比如 50—60 年代的电网络模拟就是物理模拟。

(2) 数学模型（解析法、数值法、资源管理模型等）。数学模型是用来描述水文地质模型或水文地质概念模型特性的一组数学关系式。如达西定律、泰斯模型、数值模型、管理模型等。

在实际问题中，有时候需要将物理模型和数学模型进行适当的结合。

(3) 数学模型建立与求解。“1∶250000 区域水文地质调查技术要求”中，地下水数

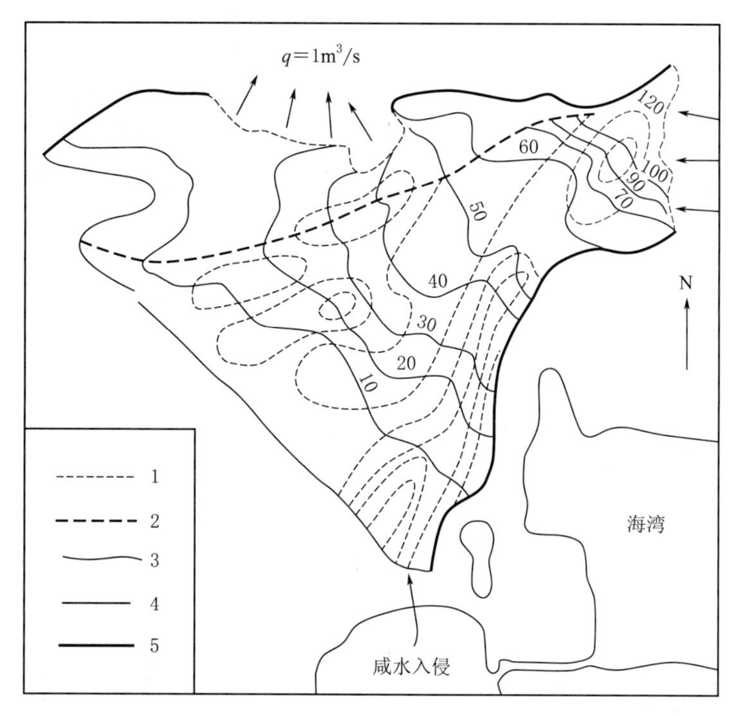

图 1.1 根据现场综合资料和调整数学模型建立的法国南部克洛平原冲积层潜水含水系统的水文地质概念模型

1—导水系数等值线；2—水文地质边界；3—等水位线；4—补给流量和排泄流量；5—隔水边界

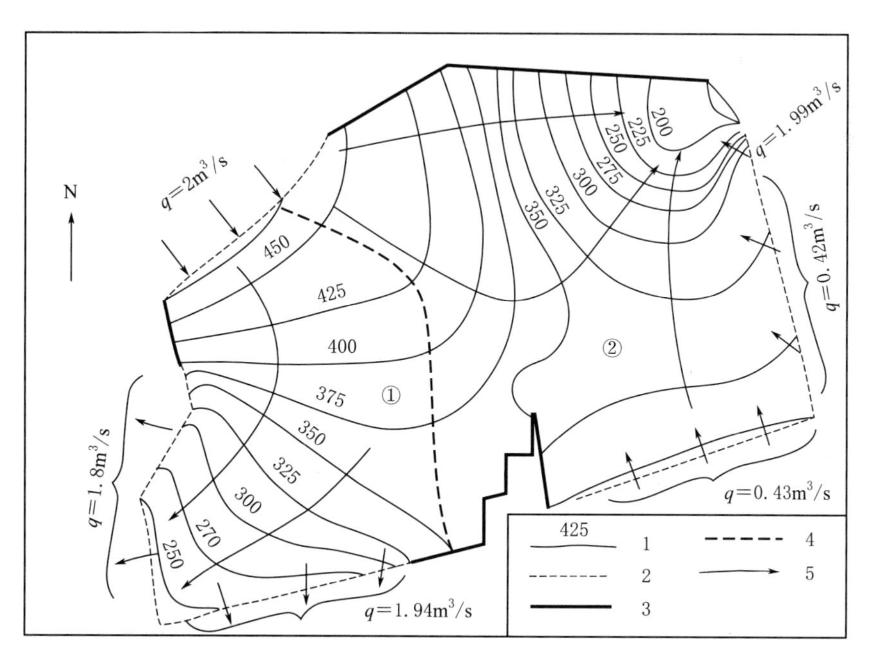

图 1.2 北撒哈拉 Continental intercalairc 承压含水系统的水文地质概念模型（据联合国教科文组织资料，1972）

1—等水位线；2—补给边界和排泄边界；3—隔水边界；4—亚系统边界；5—径流主要方向

学模型是指以水文地质概念模型为基础建立起来的能刻画和模拟地下水系统结构、运动特征和各种渗透要素的一组数学关系式。

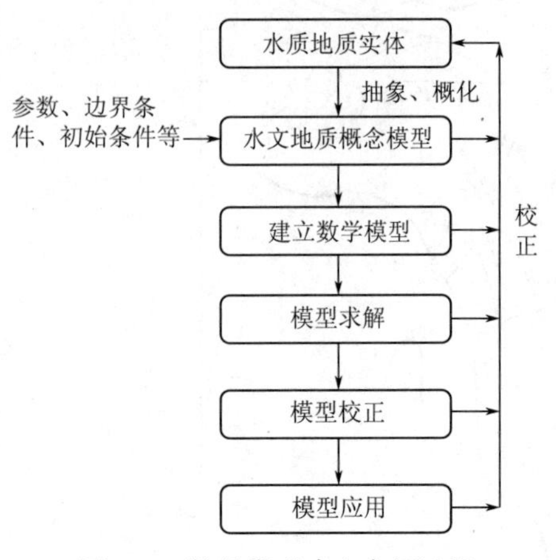

图 1.3　数学模型建立求解过程

地下水资源管理模型除了前面介绍的数学模型的分类外，从模型解决问题的角度，可以分为资料模型、参数估算模型和预测模型。资料模型主要解决管理模型输入项问题；参数估算模型用于主要估算和求解地下水资源参数及一些模型边界和初始条件；预测模型主要用于区域地下水资源评价，预测地下水水位，水量水质变化，预测污染物或热能等在含水层中运移，传输规律。

数学模型建立求解过程，如图 1.3 所示。

应注意的是，从水文地质实体概化到模型应用，校正应该贯穿始终。

1.7　地下水管理模型举例

【例 1.1】 某冲洪积平原有 3 个地下水抽水井，抽取砂砾石承压含水层中地下水作为供水水源。由于各井条件不同，各供水井允许降深不同，1～3 号井分别为 10.5m、12m、14m。问各井抽水量为多少时才能使水源地总开采量达到最大？（井 j 单独工作时单位流量下对 i 点的水位降深值为 a_{ij}）

解： 设各井抽水量分别为 x_1、x_2、x_3，则任一井 i 处（$i=1，2，3$）的总降深为

$$s_i=\sum_{j=1}^{3}a_{ij}x_j$$

根据题意，有

目标函数：
$$\max Z=x_1+x_2+x_3 \tag{1.1}$$

水位约束：
$$\begin{cases}a_{11}x_1+a_{12}x_2+a_{13}x_3\leqslant 10.5\\ a_{21}x_1+x_{22}x_2+a_{23}x_3\leqslant 12\\ a_{31}x_1+x_{32}x_2+a_{33}x_3\leqslant 14\end{cases} \tag{1.2}$$

非负约束：
$$x_1、x_2、x_3\geqslant 0 \tag{1.3}$$

这里式（1.1）是目标函数，式（1.2）和式（1.3）是水位和非负约束（constraints）。

由于目标函数和水位方程都是线性的，这个管理模型也称为线性规划模型，简称 LP 模型。方程中的 x_1、x_2、x_3 是待定的量，叫决策变量。

实际的地下水管理模型问题中，目标函数可能是多个的，目标函数和约束条件也可能是非线性的。

【例 1.2】 P_1、P_2 两个水源地同时给 B_1、B_2、B_3 三个工厂供水（图 1.4），工厂需水量分别为 $10m^3/min$、$15m^3/min$、$25m^3/min$。P_1 水源地最大可供水量为 $30m^3/min$，P_2 水源地最大可供水量为 $20m^3/min$。水源地至三个工厂的距离不等，其单位水量输水费

用分别为 c_1、c_2、c_3、c_4、c_5、c_6。试做出在满足三个工厂供水情况下，总输水费用最小的规划。

解： 设 x_1、x_2、x_3 分别代表 P_1 水源地输送给 B_1、B_2、B_3 工厂的水量，x_4、x_5、x_6 分别代表 P_2 水源地输送给 B_1、B_2、B_3 工厂的水量，Z 为总输水费用，依题意有：

$$\min Z = c_1x_1 + c_2x_2 + c_3x_3 + c_4x_4 + c_5x_5 + c_6x_6$$

$$x_1 + x_2 + x_3 \leqslant 30$$

$$x_4 + x_5 + x_6 \leqslant 20$$

$$x_1 + x_4 \geqslant 10$$

$$x_2 + x_5 \geqslant 15$$

$$x_3 + x_6 \geqslant 25$$

$$x_1、x_2、x_3、x_4、x_5、x_6 \geqslant 0$$

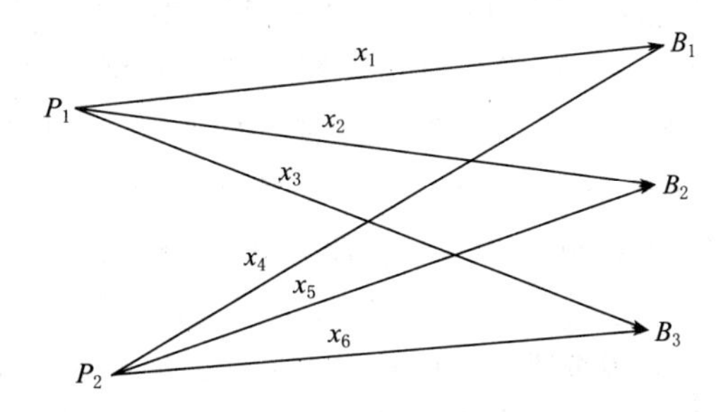

图 1.4 两水源地给三个工厂供水示意图

第 2 章　地下水资源管理模型求解之一——线性规划

2.1　线性规划问题的一般形式及标准式

线性规划（linear programming，LP）是运筹学优化理论一个重要分支。线性规划是研究具有线性关系的多变量目标函数在变量满足一定线性约束条件下，如何求函数的极值（最大或最小）问题。线性规划问题最早是由苏联学者康托洛维奇（Л. В. Канторович）于1939 年提出，但当时极少被人注意。后来美国空军的 SCOOP（最优科学计算，scientlfic computation of optimum programs）小组在研究战时稀缺资源最优化问题时再次被提出。自 1947 年丹捷格（G. B. Dantzig）提出线性规划求解方法——单纯性法（simplex method）后，线性规划在理论上趋于成熟，在实用中日益广泛与深入。特别是计算机工具引入后，可处理成千上万的约束问题。目前，线性规划在工业、农业、地质、交通运输、经济等各领域发挥了重要作用［《运筹学》教材编写组（钱颂迪等），2013；马建华，2014］。

1. 一般形式

目标函数：

$$\max Z = \sum_{j=1}^{n} c_j x_j$$

（或 min）

约束条件：

$$\sum_{j=1}^{n} a_{ij} x_j \leqslant (\text{或} \geqslant \text{或} =) b_i$$

$$x_j \geqslant 0$$

$$i = 1, 2, \cdots, m$$

$$j = 1, 2, \cdots, n$$

式中　Z——目标函数；

m——约束方程个数；

n——决策变量个数，一般 $m \leqslant n$；

a_{ij}——决策矩阵系数；

c_j——价值系数；

b_i——常数项。

用矩阵表示则为

$$\max Z = CX$$

（或 min）

$$AX \leqslant (\text{或} \geqslant \text{或} =) B$$

$$X \geqslant 0$$

其中

$$C=(c_1, c_2, \cdots, c_n)$$
$$X=(x_1, x_2, \cdots, x_n)^T$$
$$B=(b_1, b_2, \cdots, b_m)^T$$
$$A=\begin{bmatrix} a_{11} & a_{12} & \cdots & a_{1n} \\ a_{21} & a_{22} & \cdots & a_{2n} \\ \cdots & \cdots & \cdots & \cdots \\ a_{m1} & a_{m2} & \cdots & a_{mn} \end{bmatrix}$$

对矩阵 $C_{mn}=A_{ms}\times B_{sn}$，条件为 A 列等于 B 行，结果 C 为 A 的行数 B 的列数。

2. 标准式

传统的线性规划求解，一般是先把一般线性规划形式转化为标准式再求解，标准式形式为

目标最大化：$\max Z=CX$

约束等式化：$AX=B$，$b_i\geqslant 0$

变量非负化：$X\geqslant 0$

3. 标准化方法

(1) $\leqslant$约束条件：左侧加上一非负的松弛变量。加入松弛变量后，目标函数中相应的价值系数取 0。

(2) $\geqslant$约束条件：左侧减去一非负的松弛变量（又称剩余变量）。

(3) $b_i<0$：两端乘以-1，然后不等号改变方向后，再按以上处理。

(4) x_j 为自由变量（取值可正可负），引入两个非负变量即可。

$$x_j=x_j'-x_j''$$
$$x_j'、x_j''\geqslant 0$$

(5) 有界限变量 $c_j\leqslant x_j\leqslant d_j$。

如 $2\leqslant x_2\leqslant 6$，可以这样处理：

$$0\leqslant x_2-2\leqslant 4$$

即

$$x_2'\leqslant 4$$
$$x_2'\geqslant 0 \quad \text{变量非负约束}$$

对 $x_2'\leqslant 4$ 按前面 (1) 或 (2) 再进一步化为等式约束。

(6) 绝对值情况。

如 $|2x_1-x_2|\geqslant 8$，这种情况可以分解为两个式子：

$$2x_1-x_2\geqslant 8$$
$$2x_1-x_2\leqslant -8$$

出现 (3)～(6) 情况时要优先处理，最后再处理 (1)、(2) 情况。处理完约束条件后，最后再处理目标函数问题。

(7) 目标函数极小。

$$\min Z=CX$$

这时要利用等式关系 $\min Z=-\max(-Z)$

令 $Z'=-Z$

则 $\max Z'=\max(-Z)=-\min Z$

即先求出 Z'的极大值，其结果的负值就是原问题的最小值。

【**例 2.1**】 将下列问题标准化：

$$\min Z=-x_1+2x_2-3x_3$$
$$x_1+x_2+x_3\leqslant 7$$
$$x_1-x_2+x_3\geqslant 2$$
$$-3x_1+x_2+2x_3=5$$
$$x_1、x_2\geqslant 0$$

解： 一般先处理（3）～（6）情况，本例有自由变量 x_3。

（1）设 $x_3=x_4-x_5$ $\qquad x_4、x_5\geqslant 0$

则原方程变化为

$$\min Z=2x_2-x_1-3(x_4-x_5)$$
$$x_1+x_2+x_4-x_5\leqslant 7$$
$$x_1-x_2+x_4-x_5\geqslant 2$$
$$-3x_1+x_2+2(x_4-x_5)=5$$
$$x_1、x_2、x_4、x_5\geqslant 0$$

（2）加入松弛变量 x_6、x_7。

$$\min Z=-x_1+2x_2-3(x_4-x_5)$$
$$x_1+x_2+x_4-x_5+x_6=7$$
$$x_1-x_2+x_4-x_5-x_7=2$$
$$-3x_1+x_2+2(x_4-x_5)=5$$
$$x_1、x_2、x_4、x_5、x_6、x_7\geqslant 0$$

（3）化目标函数为极大。

设 $Z'=-Z$

$$\max Z'=x_1-2x_2+3x_4-3x_5$$
$$x_1+x_2+x_4-x_5+x_6=7$$
$$x_1-x_2+x_4-x_5-x_7=2$$
$$-3x_1+x_2+2(x_4-x_5)=5$$
$$x_1、x_2、x_4、x_5、x_6、x_7\geqslant 0$$

本题解为

$$\max Z'=17.4$$
$$X=(1.8,0,5.2)^{\mathrm{T}}$$

原问题最优值为－17.4。

2.2　线性规划问题的图解法

1. 图解法

一般来说，图解法仅适合二变量情况。

【例 2.2】

$$\max Z=10x_1+5x_2$$
$$3x_1+2x_2\leqslant 48$$
$$x_1+x_2\leqslant 18$$
$$x_1、x_2\geqslant 0$$

先用两个非负约束条件，将可行域确定为第一象限。再用两个不等式约束条件将可行域确定为图中阴影部分区域（图 2.1）。最后用 $Z=10x_1+5x_2$ 取不同 Z 值，做出一系列平行线，尝试向右上方移动时，目标函数值增大。当移动到区域边界 B 点上，此时 Z 值最大。最优解为：$x_1=16$，$x_2=0$，$\max Z=160$。

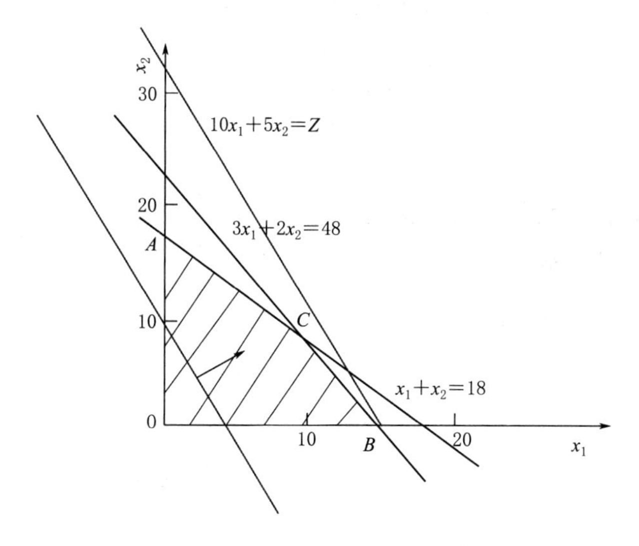

图 2.1　线性规划图解法求解（1）

【例 2.3】

$$\max Z=6x_1+4x_2$$
$$2x_1+3x_2\leqslant 100$$
$$4x_1+2x_2\leqslant 120$$
$$x_1、x_2\geqslant 0$$

解法类似上题（图 2.2），最优解 $x_1=20$，$x_2=20$，$\max Z=200$，在两直线交叉点达到。

[例 2.3] 中，如果将目标函数改成与某一直线斜率相同，比如 $\max Z=6x_1+9x_2$，则最优解位于阴影部分边界 $2x_1+3x_2=100$ 所在直线上，有无穷组解。

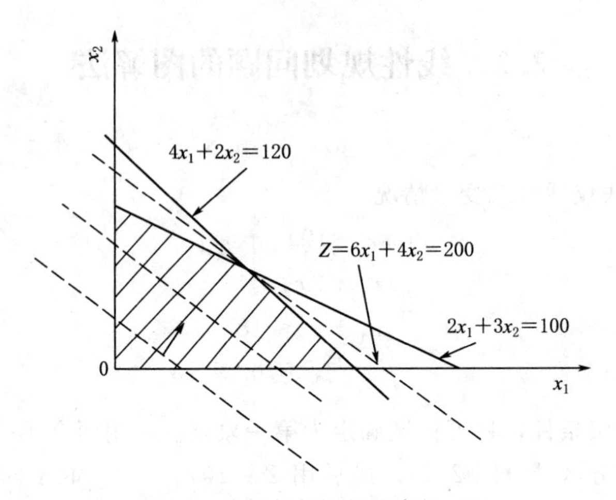

图 2.2　线性规划图解法求解（2）

2. 线性规划解的几种情况

【例 2.4】

$$\min Z=5x_1+7x_2$$
$$x_1+x_2\geqslant 1$$
$$-x_1+x_2\leqslant 1$$
$$x_1-2x_2\leqslant 1$$
$$x_1、x_2\geqslant 0$$

有唯一最优解：$x_1=1$，$x_2=0$，$\min Z=5$。

图解过程如图 2.3 所示。

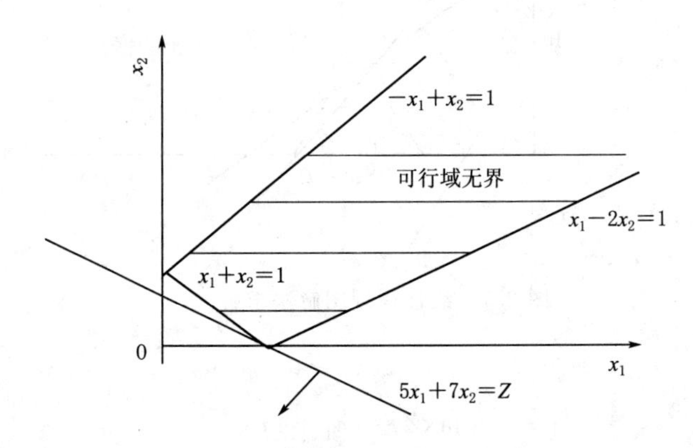

图 2.3　线性规划图解法求解（3）

【例 2.5】［例 2.3］中目标函数改为 $\min Z=5x_1+5x_2$，其余不变，无穷多组解，最优解 $\min Z=5$。

【例 2.6】［例 2.3］中目标函数改为 $\max Z=5x_1+7x_2$，其余不变，无解（无有界最优解）。

【例 2.7】

$$\max Z=5x_1+7x_2$$
$$x_1-x_2>1$$

$$-x_1+x_2\leqslant 1$$
$$x_1、x_2\geqslant 0$$

无可行域，无解。

通过上面例题，可以归纳出线性规划解的几种情况：

(1) 无可行域。无解。

(2) 有可行域。无界：①无解；②无穷组解；③唯一解。有界：①无穷组解；②唯一解。

3. 结论

将以上问题引申到多个变量的线性规划问题，可有以下结论：

(1) 线性规划问题的可行解集为一凸集（如矩形、凸四面体等），也称可行域。

(2) 线性规划的每个基本可行解对应于可行域一个顶点。

(3) 线性规划最优解如果存在，一定在可行域的一个顶点上达到，如果在两个顶点达到，则一定有无穷组解。

2.3　线性规划的单纯形解法

线性规划（LP）的单纯形解法是1947年丹捷格（G. B. Dantzig）首先提出来的。该解法理论完善，计算简便，目前仍然是求解线性规划的最常用的方法。

2.3.1　由算例看单纯形法迭代思路

【例2.8】

$$\max Z=5x_1+8x_2+6x_3$$
$$x_1+x_2+x_3\leqslant 12$$
$$x_1+2x_2+3x_3\leqslant 20$$
$$x_1、x_2、x_3\geqslant 0$$

(1) 模型标准化。

$$\max Z=5x_1+8x_2+6x_3+0x_4+0x_5 \tag{2.1}$$
$$x_1+x_2+x_3+x_4=12 \tag{2.2}$$
$$x_1+2x_2+3x_3+x_5=20 \tag{2.3}$$
$$x_1、x_2、x_3、x_4、x_5\geqslant 0 \tag{2.4}$$

(2) 给出一组初始可行解。线性规划中，约束方程个数 $m<n$ 时，基变量个数为 m，则非基变量个数为 $n-m$。本例中，约束方程为2个，决策变量为5个，因此至少应有3个变量为0（非基变量），非0的变量称为基变量。不妨设 $x_1=0$，$x_2=0$，$x_3=0$，则由约束方程式（2.2）、式（2.3）可知：

$$x_4=12-x_1-x_2-x_3 \tag{2.5}$$
$$x_5=20-x_1-2x_2-3x_3 \tag{2.6}$$

代入 $x_1=0$，$x_2=0$，$x_3=0$ 得到初始可行解为 $X=(0, 0, 0, 12, 20)^T$，这里 x_1、x_2、x_3 为初始非基变量，x_4、x_5 为初始基变量。此时最优解 Z 为0。

式（2.5）、式（2.6）对应后面表2.1单纯形表中Ⅰ栏第1、2行数据：

12　　1　1　1　1　0

20　　1　2　3　0　1

(3) 检验目标函数值是否能继续改善，能改善转（4），不能改善转（6）。

由于 $\max Z=5x_1+8x_2+6x_3$ 中，各变量系数均为正，故调入任何变量都可能使目标函数值改善。

(4) 确定调入变量和调出变量，进行等式变换，给出新的基本可行解，改善目标函数值。

1）调入变量。由于 $\max Z=5x_1+8x_2+6x_3$ 中，x_2 的系数最大，故调入 x_2 对改善目标函数值最有好处，调入 x_2（进基变量）。

表 2.1 中单纯形表中取负值最大的检验数对应的变量为入基变量。

2）调出变量。由式（2.5）知，由于 x_1 到 x_5 变量非负的限制，调入 x_2 后，x_2 变化范围应为 0～12。

由式（2.6）知，由于 x_1 到 x_5 变量非负的限制，调入 x_2 后，x_2 变化范围应为 0～10。

这样取式（2.6）则可以满足上面的范围限制，这样可判断调出变量为 x_5。这种判断实际上是用式（2.5）和式（2.6）相应常数项除以 x_2 前系数后取最小值判断的。即 $\min\{12/1, 20/2\}=10$ 来判断的。

表 2.1 单纯形表中取检验比最小的行对应的变量为出基变量。

3）等式变换。确定出基和入基变量后，就知道了新的基变量为 x_2 和 x_4，下面通过变换给出其表达式。

由式（2.6）可给出 x_2 的表达式：

$$x_2=10-\frac{1}{2}x_1-\frac{3}{2}x_3-\frac{1}{2}x_5 \tag{2.7}$$

[式（2.7）对应表 2.1 中Ⅱ栏第 2 行数据：10　1/2　1　3/2　0　1/2]

将式（2.7）代入式（2.5），有

$$x_4=2-\frac{x_1}{2}+\frac{x_3}{2}+\frac{x_5}{2} \tag{2.8}$$

[式（2.8）对应表 2.1 中对应表中Ⅱ中第 1 行数据：2　1/2　0　−1/2　1　−1/2]

4）形成新的基本可行解。由于 x_5 为出基变量，取 $x_5=0$ 得到新的可行解为

$$X=\left(0,10-\frac{x_1}{2}-\frac{3x_3}{2},0,2-\frac{x_1}{2}+\frac{x_3}{2},0\right)^{\mathrm{T}}$$

此时目标函数为

$$\max Z=5x_1+8\left(10-\frac{x_1}{2}-\frac{3x_3}{2}\right)+6x_3=80+x_1-6x_3$$

(5) 重复（3）、（4）。

1）判断是否最优。由目标函数 $\max Z=80+x_1-6x_3$ 可知，变量仍有正系数值，引入 x_1 仍然可以改善目标函数值。

2）调入变量。由于目标函数 $\max Z=80+x_1-6x_3$ 只有 x_1 是正系数，引入 x_1 可以改善目标函数值。

3）调出变量。由式（2.7）知，由于变量非负的限制，调入 x_1 后，x_1 变化范围应为 0～20。

由式（2.8）知，由于变量非负的限制，调入 x_1 后，x_1 变化范围应为 0～4。

这样取式（2.8）则可以满足上面的范围限制，这样可判断调出变量为 x_4。这种判断实际上是用式（2.7）和式（2.8）相应常数项除以 x_1 前系数后取最小值判断的。即 min{10/(1/2)，2/(1/2)}=4 来判断的。

4）等式变换。确定新的出基和入基变量后，就知道了新的基变量为 x_1 和 x_2，下面通过变换给出其表达式。

由式（2.8）可给出 x_1 的表达式：

$$x_1=4+x_3-2x_4+x_5 \tag{2.9}$$

[式（2.9）为表 2.1 中对应表Ⅲ中第 1 行数据：4　1　0　−1　2　−1　]

将式（2.9）代入式（2.7），有

$$x_2=8-2x_3+x_4-x_5 \tag{2.10}$$

[式（2.10）为表 2.1 中对应表Ⅲ中第 2 行数据：　8　0　1　2　−1　1]

5）形成新的基本可行解。由于 x_4、x_5 均为出基变量，式（2.9）及式（2.10）中取 $x_4=0$、$x_5=0$，有：

新基本可行解为 $X=(4+x_3，8-2x_3，0，0，0)^T$

此时目标函数：

$$\max Z=5(4+x_3)+8(8-2x_3)+6x_3=84-5x_3$$

已经没有可以改善的，此时目标函数达到最优。

（6）给出最优解。注意到上面 X 中的 x_3 是 0，这样有 $X=(4，8，0，0，0)^T$，此时目标函数 $\max Z=84$。

2.3.2　单纯形表

上面的求解过程，可以采用更直观的单纯形表来计算，步骤如下：

（1）模型标准化。

（2）确定初始可行解，建立初始单纯形表。

（3）判断目标函数值是否能继续改善，如能改善，转（4）。如不能改善，转（6）。

（4）计算非基变量的检验数 δ，决定入基变量。计算检验比 θ，决定出基变量，变换形成新的单纯形表。

（5）重复（3）、（4）。

（6）给出最优解。

【例 2.9】　对［例 2.8］采用单纯形表求解。

$$\max Z=5x_1+8x_2+6x_3+0x_4+0x_5$$

$$x_1+x_2+x_3+x_4=12$$

$$x_1+2x_2+3x_3+x_5=20$$

$$x_1、x_2、x_3、x_4、x_5\geqslant 0$$

单纯形计算表 2.1 中，表中Ⅰ先由检验数 $\delta_j=z_j-c_j$ 确定入基变量 x_2，再由检验比 θ 确定出基变量 x_5，然后以对应列与行交叉点为轴点进行等式变换。表中Ⅱ入基变量 x_1 和出基变量 x_4 确定方法类似。然后以对应列与行交叉点为轴点进行等式变换。

表 2.1　　单纯形计算表（陈爱光等，1991，有更正）

		c_j		5	8	6	0	0	检验比 θ	消元过程
	c_i	X_B	b_i	x_1	x_2	x_3	x_4	x_5		
Ⅰ	0	x_4	12	1	1	1	1	0	12/1=12	①
	0	x_5	20	1	[2]	3	0	1	20/2=10	②
		z_j	0	0	0	0	0	0		
		z_j-c_j		−5	−8	−6	0	0		
Ⅱ	0	x_4	2	[1/2]	0	−1/2	1	−1/2	2/(1/2)=4	③=①−④×1
	8	x_2	10	1/2	1	3/2	0	1/2	10/(1/2)=20	④=②/2
		z_j	80	4	8	12	0	4		
		z_j-c_j		−1	0	6	0	4		
Ⅲ	5	x_1	4	1	0	−1	2	−1		⑤=③/(1/2)
	8	x_2	8	0	1	2	−1	1		⑥=④−⑤×(1/2)
		z_j	84	5	8	11	2	3		
		δ_j		0	0	5	2	3		

表 2.1 中计算公式：

$$z_0=\sum_{i=1}^{m}c_ib_i$$

$$z_j=\sum_{i=1}^{m}c_ia_{i,j}$$

检验数：$\delta_j=z_j-c_j$，$\delta_k=\max[|\delta_j|\delta_j<0$，取负值中绝对值最大的 k 列对应的变量为入基变量（引入目标增值快的变量为入基变量）]。

检验比：$\theta_r=\min\left\{\frac{b_i}{a_{i,k}}|a_{i,k}>0\right\}$，取检验比值最小的 r 行对应的变量为出基变量（保证所有约束条件成立）。

行等式变换，以 $a_{r,k}$ 为轴变换：

$$a'_{r,j}=\frac{a_{r,j}}{a_{r,k}}$$

[对入基变量行处理，该 r，k 位置变为 1，$j=1$，…，n，$n+1$（常数项）]。

$$a'_{i,j}=a_{i,j}-\frac{a_{r,j}}{a_{r,k}}a_{i,k}$$

其他行变换处理，使 k 列 $a_{i,j}$ 其他行元素变为 0 [$i=1$，…，m，$i\neq r$；$j=1$，…，n，$n+1$（常数项）]。

表中计算过程：

Ⅰ中第 3 行的 z_0　0=0×12+0×20

z_1　0=0×1+0×1

z_2　0=0×1+0×2…

Ⅰ中第 4 行的 z_j-c_j：−5=0−5，−8=0−8…

Ⅰ中入基变量：$\delta=\max\{|-5|,|-8|,|-6|\}=8$，对应入基变量为 x_2。

Ⅰ中出基变量：$\theta=\min\{12/1=12,20/2=10\}$，对应出基变量为 x_5。

Ⅱ中第 3 行：$z_0:80=0\times2+8\times10$

$z_1:0=0\times(1/2)+8\times(1/2)\cdots$

Ⅱ中第 4 行：z_j-c_j：$-1=4-5$，$0=8-8\cdots$

Ⅱ中入基变量：$\delta=\max\{|-1|\}$，对应入基变量为 x_1。

Ⅱ中出基变量：$\theta=\min\{2/(1/2)=4,10/(1/2)=20\}=4$，对应出基变量为 x_4。

所有检验数 z_j-c_j 均不小于 0 时，得到最优解。

单纯形法计算框图如图 2.4 所示。

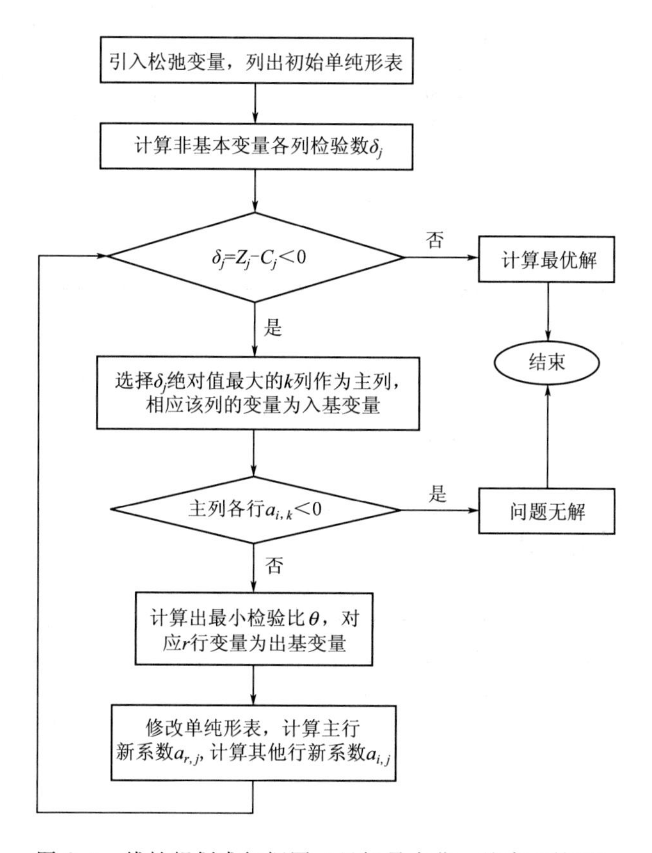

图 2.4　线性规划求解框图（目标最大化，约束≤情况）

上述采用检验比 θ 确定出基变量时，有时会出现两个或两个以上最小值情况，这可能会出现退化解（基变量为 0）情况，实际中这种情况较少出现，遇到时可采用“摄动法”“字典序法”“波兰特法”等解决，大家可参阅相关文献（马建华，2014），本书不多介绍。

【例 2.10】 图解法中的［例 2.2］采用单纯形表 2.2 求解。

$$\max Z=10x_1+5x_2$$
$$3x_1+2x_2\leqslant48$$
$$x_1+x_2\leqslant18$$
$$x_1、x_2\geqslant0$$

标准化：

$$\max Z=10x_1+5x_2$$
$$3x_1+2x_2+x_3=48$$
$$x_1+x_2+x_4=18$$
$$x_1、x_2、x_3、x_4\geqslant 0$$

表 2.2　　　　单纯形计算表

	c_j			10	5	0	0	θ	消元过程
	c_i	X_B	b_i	x_1	x_2	x_3	x_4		
Ⅰ	0	x_3	48	[3]	2	1	0	48/3=16	①
	0	x_4	18	1	1	0	1	18/1=18	②
		z_j	0	0	0	0	0		
		z_j-c_j		−10	−5	0	0		
Ⅱ	10	x_1	16	1	2/3	1/3	0		③=①/3
	0	x_4	2	0	1/3	−1/3	1		④=②−③×1
		z_j	160	10	20/3	10/3	0		
		z_j-c_j		0	5/3	10/3	0		

最优解：$x_1=16$，$x_2=0$，$Z=160$

【例 2.11】

$$\max Z=6x_1+4x_2$$
$$2x_1+3x_2\leqslant 100$$
$$4x_1+2x_2\leqslant 120$$
$$x_1、x_2\geqslant 0$$

标准化后采用单纯形表求解见表 2.3。

表 2.3　　　　单纯形计算表

	c_j			6	4	0	0	θ	消元过程
	c_i	X_B	b_i	x_1	x_2	x_3	x_4		
Ⅰ	0	x_3	100	2	3	1	0	100/2=50	①
	0	x_4	120	[4]	2	0	1	120/4=30	②
		z_j	0	0	0	0	0		
		z_j-c_j		−6	−4	0	0		
Ⅱ	0	x_3	40	0	[2]	1	−1/2	40/2=20	③=①−④×2
	6	x_1	30	1	1/2	0	1/4	30/(1/2)=60	④=②/4
		z_j	180	6	3	0	3/2		
		z_j-c_j		0	−1	0	3/2		
Ⅲ	4	x_2	20	0	1	1/2	−1/4		⑤=③/2
	6	x_1	20	1	0	−1/4	3/8		⑥=④−⑤×(1/2)
		z_j	200	6	4	1/2	5/4		
		z_j-c_j		0	0	1/2	5/4		

最优解：$x_1=20$，$x_2=20$，$Z=200$。

2.4 线性规划的其他问题

2.4.1 线性规划的对偶问题

对偶是线性规划问题的一个特性。对于任何求极大值的线性规划问题，都有一个与之对应的求极小值问题（或相反），其有关约束条件的系数矩阵具有相同的数据，但形式上互为转置。且目标函数与约束方程右端常数项互换，目标函数值相等。这就是线性规划的对偶问题。

可用一个简单例子来说明。例如，四边形的周长 L 一定，什么样形状的四边形面积最大？答案是正方形面积最大。其对偶问题为，四边形面积一定，什么样的四边形周长最短？答案仍然是正方形。可见前一问题的约束条件，即为后一问题的目标函数，反之亦然。

【例 2.12】 某水源地有Ⅰ号、Ⅱ号两个供水井，分别开采不同层位水质的承压含水层地下水，供 A、B 两用户之用，两用户对混合水质有一定要求。经抽水试验查明，两承压含水层单位降深下涌水量为一定值。向 A、B 用户供给一个单位水量需要Ⅰ号井和Ⅱ号井的水位降深值以及所获得的收益和两井各自的允许水位降深值见表 2.4。问两个供水井如何向用户供水，才能使收益最大？

表 2.4　　线性规划对偶问题表

供水井	单位涌水量产生的降深/m		允许降深/m
	A 用户	B 用户	
Ⅰ号	3	1	7
Ⅱ号	2	4	12
收益/元	50	60	

解： 设 x_1、x_2 分别是供给 A、B 用户的水量，依照题意可建立此问题的 LP 模型：

$$\max Z=50x_1+60x_2$$

$$3x_1+x_2\leqslant 7$$

$$2x_1+4x_2\leqslant 12$$

$$x_1、x_2\geqslant 0$$

最优解为：$x_1=8/5$，$x_2=11/5$，$\max Z=212$（元）。

现在考虑此例的对偶问题。某水厂拟将Ⅰ号、Ⅱ号两个供水井出租转让，在考虑其定价时，水厂要衡量出租后，给 A、B 两用户供水所得的收益，分别不能低于原先的 50 元和 60 元。否则宁可自己生产。但受市场调节作用，其定价要定得最低，才有竞争力。试问如何规划，才能既满足经济收益要求而又定价最低？

设 y_1、y_2 分别为Ⅰ、Ⅱ井单位降深抽水量的定价。依题意有

$$\min W=7y_1+12y_2$$

$$3y_1+2y_2\geqslant 50$$

$$y_1+4y_2\geqslant 60$$

$$y_1、y_2\geqslant 0$$

解为：$y_1=8$，$y_2=13$，$\min W=212$（元）。

对偶性比较：

目标函数极大	目标函数极小
变量 n 个，约束 m 个	变量 m 个，约束 n 个
系数矩阵	转置（行、列对偶）
价值系数	约束常数项
变量非负性	相同

如果原问题为资源的最优使用，求目标函数的极大值，那么其对偶问题就是资源的恰当估价，求目标函数的极小值。这说明对偶问题的决策变量 y 代表企业内部对资源的一种估算价格，它不同于市场价格，故又称为影子价格。具体说，y_i 代表第 i 种资源在实现其最大经济效益的一种价格估计。它在经济管理中有重要的作用，决策者可用以作为了解资源的稀缺情况或供需矛盾，判断资源是否充分发挥经济效益的一种尺度。如果某资源的影子价格很高，表示该资源在生产中发挥作用很大，或表现为稀缺资源，反之亦然。

利用单纯形法求对偶问题可以有两种方达：一种是求解原问题，根据原问题的检验数而得到相应的对偶问题的解；另一种是用单纯形法直接对对偶问题求解。究竟采用哪种方法，要视约束方程多少而定。一般来说，单纯形算法迭代次数大约为约束方程数的 1～1.5 倍。故可利用线性规划问题对偶的特性，选择约束方程数少的来求解，以减少计算工作量。

2.4.2　线性规划的灵敏度分析

一般线性规划问题的讨论中，均假定各系数 $a_{i,j}$、b_i、c_j 是确定的已知常数，实际工作中获取的这些系数往往不可能很精确，而且随着人为活动和自然条件的改变，这些系数也会发生变化。例如地下水资源管理中，当水位、水量或水质等约束条件改变时，b_i 也随之改变；当市场情况或供求关系发生变化时，c_j 也会改变；而开采工艺或水文地质条件的改变，同样也会引起 $a_{i,j}$ 的改变。因此，规划者需要知道，某些系数改变后，现行求得的最优解是否改变？或者说，这些系数在多大范围内变化，其规划问题的最优解不变？当最优解发生变化时，如何用最简便的方法找出新的最优解？这些就是敏感度分析所要研究和回答的问题。

对偶原理是进行灵敏度分析的理论依据。灵敏度分析内容，应包括各系数 $a_{i,j}$、b_i、c_j 变化及新增加变量和新增加约束条件对最优解的影响。但对地下水资源管理而言，主要分析 b_i、c_j 变化。

灵敏度分析涉及问题较多，下面仅结合算例进行简单讨论。

【例 2.13】 某水资源公司有甲、乙两矿泉水资源，可生产 x_1、x_2、x_3 三种饮料。其单位利润和三种饮料消耗矿泉水资源的比率，以及矿泉水允许开采量见表 2.5。问水资源公司如何组织生产，才能获得最大利润？（陈爱光等，1991，有更正）

表 2.5　　线性规划对偶问题

矿泉水种类	各饮料消耗矿泉水比例			允许开采量/(千 m^3/d)
	x_1	x_2	x_3	
甲	1	1	1	12
乙	1	2	3	20
单位利润/元	5	8	6	

该问题LP模型可见单纯形表求解[例2.9]：

$$\max Z=5x_1+8x_2+6x_3$$
$$x_1+x_2+x_3\leqslant 12$$
$$x_1+2x_2+3x_3\leqslant 20$$
$$x_1、x_2、x_3\geqslant 0$$

本例最优解为：$x_1=4$，$x_2=8$，$x_3=0$，$Z=84$（元）。

2.4.2.1 价值系数 c_j 灵敏度分析

1. 非基变量中价值系数 c_r 的变化

若 c_r 改变 Δc_r（可正可负），要使最优解不变（基变量和非基变量结构不变，但具体值一般会相应变化），必须保持 c_r 改变后，问题仍然保持最优解。如求极大问题，检验数 $\delta_r=z_r-c_r$ 改变前后均不小于0，即

$$\delta_r=z_r-c_r\geqslant 0,\delta'_r=z_r-(c_r+\Delta c_r)\geqslant 0,\Delta c_r\leqslant z_r-c_r$$

本例题中（表2.1），c_3 为非基变量 x_3 的系数，其所在列的检验数 $\delta_3=5\geqslant 0$，故 $\Delta c_3\leqslant 5$，或者 $c_3\leqslant 6+\Delta c_3=11$。也就是说，$x_3$ 饮料的单位利润只要低于11元，原最优解不变，公司仍然不会安排 x_3 饮料生产。反之，若 x_3 单位利润超过11元，则最优解发生改变，要重新求解。

可以求解检验如下：将 c_3 系数改为11，结果不变；将 c_3 改为12，结果为 $x_1=8$、$x_2=0$、$x_3=4$，$\max Z=88$。实际上，$c_3=11.2$ 时，结果为 $x_1=8$、$x_2=0$、$x_3=4$，$\max Z=84.8$，已经发生了改变。

注：本例中，c_3 取值11时，个别人可能得出解结构已经发生变化的结果。这时可取值稍微小点，比如10.99就可以了。大家可以讨论是什么原因？

2. 基变量中价值系数 c_r 的变化

设 c_r 为基变量 x_r 的价值系数，c_r 变化仍然需满足 $\delta_j=Z_j-c_j\geqslant 0$，而 $z_j=\sum_{i=1}^{m}c_ia_{i,j}$，故：

$$\delta_j=z_j-c_j=(c_1a_{1,j}+c_2a_{2,j}+\cdots+c_ra_{r,j}+\cdots+c_ma_{m,j})-c_j$$

当 c_r 变化 Δc_r 时，检验数为

$$\delta'_j=z_j-c_j=[c_1a_{1,j}+c_2a_{2,j}+\cdots+(c_r+\Delta cr)a_{r,j}+\cdots+c_ma_{m,j}]-c_j$$

$$\delta'_j=\sum_{i=1}^{m}c_ia_{i,j}-c_j+\Delta c_ra_{r,j}=\delta_j+\Delta c_ra_{r,j}$$

若使 $\delta'_j\geqslant 0$，需要 $\delta_j+\Delta c_ra_{r,j}\geqslant 0$，即

当 $a_{r,j}>0$： $$\Delta c_r\geqslant\frac{-\delta_j}{a_{r,j}}$$

当 $a_{r,j}<0$： $$\Delta c_r\leqslant\frac{-\delta_j}{a_{r,j}}$$

即 Δc_r 变化范围是

$$\max\left\{\frac{-\delta_j}{a_{r,j}}\middle|a_{r,j}>0\right\}\leqslant\Delta c_r\leqslant\min\left\{\frac{-\delta_j}{a_{r,j}}\middle|a_{r,j}\right\}<0$$

本例题中，表2.1的Ⅲ中，对 x_1 价值系数，有

$a_{1,3}=-1$，$a_{1,4}=2$，$a_{1,5}=-1$

$\delta_3=5$，$\delta_4=2$，$\delta_5=3$

$$\Delta c_1 \geqslant \max\left\{\frac{-\delta_j}{a_{r,j}} \middle| a_{r,j}>0\right\}=\max\left\{\frac{-\delta_4}{a_{1,4}}\right\}=-1$$

$$\Delta c_1 \leqslant \min\left\{\frac{-\delta_j}{a_{r,j}} \middle| a_{r,j}<0\right\}=\min\left\{\frac{-\delta_3}{a_{1,3}},\frac{-\delta_5}{a_{1,5}}\right\}=\min\left\{\frac{-5}{-1},\frac{-3}{-1}\right\}=3$$

即$-1\leqslant\Delta c_1\leqslant 3$，或者 $4\leqslant c_1\leqslant 8$

可以求解验证，如：

$c_1=8.1$ 时（其余不变），结果为 $x_1=12$、$x_2=0$、$x_3=0$，最优解为 $Z=97.2$。

$c_1=3.9$ 时（其余不变），结果为 $x_1=0$、$x_2=10$、$x_3=0$，最优解为 $Z=80$。

$c_1=6$ 时（其余不变），结果为 $x_1=4$、$x_2=8$、$x_3=0$，最优解为 $Z=88$。

从验证可以看到，由于价值系数的改变，最优值将发生相应的变化，但解的结构一般不变（基变量、非基变量不变）。

对 x_2 价值系数 c_2 分析：

$$a_{2,3}=2,\ a_{2,4}=-1,\ a_{2,5}=1$$

$$\delta_3=5,\ \delta_4=2,\ \delta_5=3$$

$$\Delta c_2 \geqslant \max\left\{\frac{-\delta_j}{a_{r,j}} \middle| a_{r,j}>0\right\}=\max\left\{\frac{-\delta_3}{a_{2,3}},\frac{-\delta_5}{a_{2,5}}\right\}=\max\left\{\frac{-5}{2},\frac{-3}{1}\right\}=-2.5$$

$$\Delta c_2 \leqslant \min\left\{\frac{-\delta_j}{a_{r,j}} \middle| a_{r,j}<0\right\}=\min\left\{\frac{-\delta_4}{a_{2,4}}\right\}=\min\left\{\frac{-2}{-1}\right\}=2$$

即$-2.5\leqslant\Delta c_2\leqslant 2$

或者 $5.5\leqslant c_2\leqslant 10$

同样可以验证如下：

$c_2=6$ 时（其余不变），结果为 $x_1=4$、$x_2=8$、$x_3=0$，最优解为 $Z=68$。

$c_2=5.4$ 时（其余不变），结果为 $x_1=8$、$x_2=0$、$x_3=4$，最优解为 $Z=64$。

$c_2=11$ 时（其余不变），结果为 $x_1=0$、$x_2=10$、$x_3=0$，最优解为 $Z=110$。

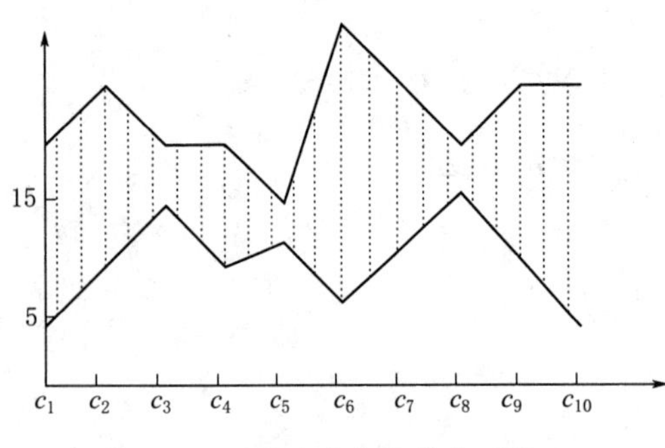

图 2.5　灵敏度分析中价值系数 c_j 变化范围示意图

对多个价值系数灵敏度分析结果，可以通过图的方式表示出来更直观（图 2.5）。

由图 2.5 可见，敏感分析中，价值系数 c_3、c_5、c_8 比较敏感，特别是 c_5。这样要求在数据获取时，对这几个数的来源特别关注，以免建立的模型过于敏感，稳定性差。

约束条件常数项 b_i 灵敏度分析与上类似，可参考陈爱光等，这里不多介绍。

2.4.2.2　灵敏度分析的意义

灵敏度分析的结果常常作为模型稳定性的依据。如果参数的变化对最优解的影响明显，即灵敏度高，说明模型稳定性差，否则稳定性好，模型对参数的要求可相对放宽些。目前的灵敏度分析，一般还仅限于单一系数变动范围的分析，在实际问题中，某一系数变动时，一般其他系数也会有一定的变化，而这种综合的影响目前还比较难分析。

2.4.2.3 具有人工变量的单纯形法

前面讨论的线性规划问题是针对约束“≤”的单纯形法的求解。这类约束条件标准化后，松弛变量全是正数，存在一个初始的基本可行解。但当约束条件是“≥”或“=”时，标准化后没有一个现成的初始可行解。这时候可以采用加入不同于松弛变量的人工变量的方法，这种方法叫人工变量单纯形法。常用的有大 M 法和二阶段法。

2.4.2.4 改进的单纯形法

改进单纯形法又称逆矩阵法，它利用矩阵运算关系，以减少单纯形法迭代过程的计算量和计算机的内存，有利于实现计算机运算。

关于人工变量的单纯形、改进的单纯形解法更多介绍，大家可参考相关文献。

2.5 线性规划的计算机求解

线性规划在各个行业中都得到了广泛的应用。根据美国《财富》杂志对全美前 500 家大公司的调查表明，线性规划的应用程度名列前茅，有 85%的公司频繁地使用线性规划，并取得了显著的经济效益（刘茂华，2007）。对于一般问题，模型可以含几百到几千个变量和约束条件。对于更复杂的问题，有时变量和约束条件可达几十万到几百万个之多，计算机求解几乎是唯一的手段。

早先的线性规划求解，多采用编程语言编写的程序或软件包。目前包含线性规划求解工具的软件有很多，如 LINDO、LINGO、WinQSB、MATLAB、Excel、CPLEX、Scilab、GLPK 等均可求解线性规划问题。近年开发的建模语言 AMPL（a mathematical programming language）、GAMS（The general algebraic modeling system）等，可以方便地进行线性规划建模和优化求解［《运筹学》教材编写组（钱颂迪等），2013］。

本书以 Excel、LINGO 和 MATLAB 为例，介绍线性规划的求解方法。

2.5.1 Excel 规划求解

Office 是大家比较熟悉的软件，Office2000 及以上版本的 Excel 均内嵌了规划求解工具。但一般软件安装时，规划求解是通过加载宏自定义安装的。如果没有自定义安装，也可以第一次使用时加载安装（安装文件要在电脑中或有安装盘）。以 Office2003 为例，加载方式为“工具-加载宏-规划求解-确定”。

不同版本的 Excel 规划求解工具位置有所差异。早期的版本安装后，规划求解位置在“工具-规划求解”处，Office2016 在“数据-规划求解”位置。Excel 规划可以求解线性规划、非线性规划、解线性方程组等。

【例 2.14】 用 Excel 求解［例 2.8］问题。

Office2016 的 Excel 打开后，在默认的工作簿 sheet1 中，输入如图 2.6 所示的内容。表中第 1 行、第 A 列为便于阅读的辅助内容。然后输入价值系数、系数矩阵、常数项，如图 2.6 所示。

Excel 单元格地址分为绝对地址、相对地址和混合地址，三者是有区别的，大家可以在使用中逐渐区别和熟悉。

	A	B	C	D	E	F
1		x_1	x_2	x_3	计算值	条件限制
2	变量结果					
3	目标函数	5	8	6		
4	约束条件1	1	1	1		12
5	约束条件2	1	2	3		20

图 2.6　Excel 规划数据输入面板

将输入法切换到英文输入状态下，在 E3 中输入的公式：

= $B$2 * B3+ $C$2 * C3+ $D$2 * D3

E4：E5 是用 E3 向下复制的（鼠标移到单元格右下角，出现小实心十字时按住向下拖动完成复制），复制后 E4、E5 中的公式如下：

= $B$2 * B4+ $C$2 * C4+ $D$2 * D4

= $B$2 * B5+ $C$2 * C5+ $D$2 * D5

选中 E3，“工具-规划求解”，设置如图 2.7 所示。

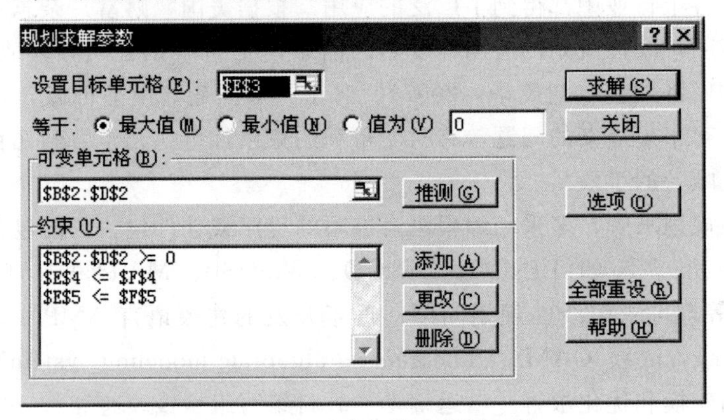

图 2.7　Excel 求解输入控制面板

点“求解”，运算结果如图 2.8 所示。点确定就可以了。

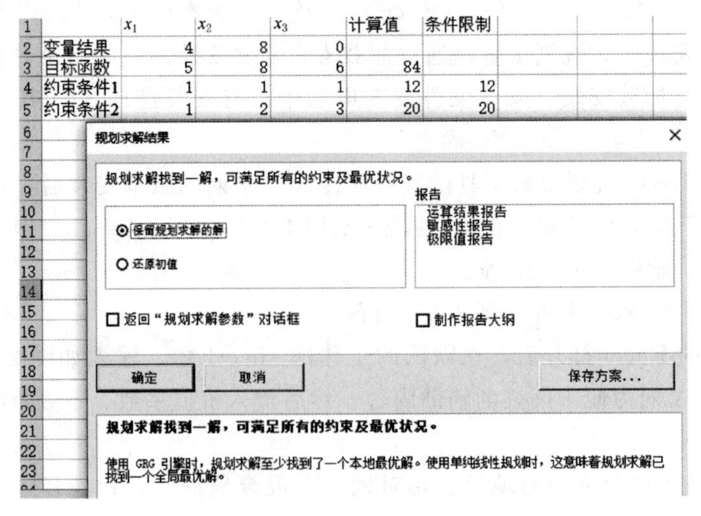

图 2.8　Excel 求解结果

图 2.8 中，在没单击“确定”前，还可以选中“运算结果报告”“敏感性分析”等后，再单击“确定”。运算结果报告、敏感性分析如图 2.9、图 2.10 所示。

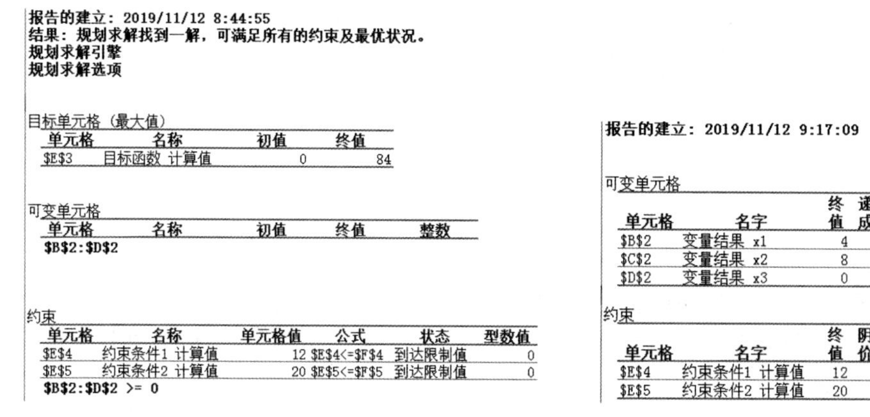

报告的建立：2019/11/12 8:44:55
结果：规划求解找到一解，可满足所有的约束及最优状况。
规划求解引擎
规划求解选项

目标单元格（最大值）

单元格	名称	初值	终值
$E$3	目标函数 计算值	0	84

可变单元格

单元格	名称	初值	终值	整数
$B$2:$D$2				

约束

单元格	名称	单元格值	公式	状态	型数值
$E$4	约束条件1 计算值	12	$E$4<=$F$4	到达限制值	0
$E$5	约束条件2 计算值	20	$E$5<=$F$5	到达限制值	0

$B$2:$D$2 >= 0

图 2.9 Excel 运算结果报告

报告的建立：2019/11/12 9:17:09

可变单元格

单元格	名字	终值	递减成本	目标式系数	允许的增量	允许的减量
$B$2	变量结果 x1	4	0	5	3	1
$C$2	变量结果 x2	8	0	8	2	2.5
$D$2	变量结果 x3	0	-5	6	5	1E+30

约束

单元格	名字	终值	阴影价格	约束限制值	允许的增量	允许的减量
$E$4	约束条件1 计算值	12	2	12	8	2
$E$5	约束条件2 计算值	20	3	20	4	8

图 2.10 Excel 敏感性分析结果

从图 2.10 中稍加整理，可给出［例 2.14］（同［例 2.13］）价值系数 c_j 与常数项 b_i 变化范围为

$4 \leqslant c_1 \leqslant 8$，$5.5 \leqslant c_2 \leqslant 10$，$c_3 \leqslant 11$；$10 \leqslant b_1 \leqslant 20$，$12 \leqslant b_2 \leqslant 24$

在地下水资源管理模型求解中，经常需要求解线性方程组。这时 Excel 规划求解也可以方便完成。Excel 规划求解线性方程组时，只需要将线性方程组中某一等式作为目标函数，其他部分仍为约束条件。在 Excel 规划求解面板中，这个目标函数不是极大或极小，而是有具体的“目标值”的，“目标值”就是该方程的常数项。其他步骤同 Excel 求解线性规划问题完全相同。

2.5.2 LINGO 线性规划求解

LINGO（linear interactive and general optimizer，交互式线性和通用求解器）由美国 LINDO 公司推出。

LINDO 是一种专门用于求解数学规划问题的软件包，主要用于解线性规划、非线性规划、二次规划和整数规划等问题。也可以用于一些非线性和线性方程组的求解以及代数方程求根等，最大的特点是方便的交互式互动环境。LINGO 在 LINDO 基础上，对求解非线性规划和二次规则问题做了进一步扩充，可以理解为是 LINDO 的升级版。LINGO 分为企业版和试用版（Demo），试用版可以在 LINDO 主页上注册下载（http：//www. lindo. com）。

以 LINGO17.0 试用版为例，进入软件后，单击 Demo 后就可进入主界面，窗口标题为“Lingo Model - Lingo1”，称为模型窗口（图 2.11）。

LINGO 输入方式有两种，最简单的就是直接书写方式。基本书写规则如下：

（1）输入要在英文输入法状态下。一个模型一般以“model:”开始，以“end”结束（较新版本也可以省略）。

（2）目标函数以“max=”或“min=”开始，目标函数与约束间用“;”分割，系数与变量间须用“*”代替乘号分开。

（3）变量必须以字母开头，后可接字母和数字。

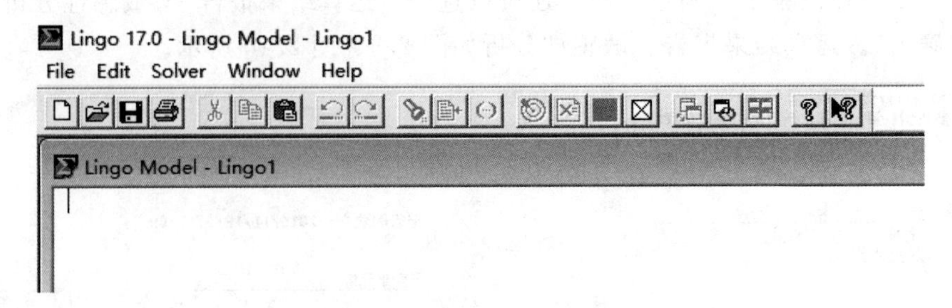

图 2.11　LINGO 主界面

(4) 变量大于等于零为默认要求，不用输入。

(5) 自由变量，需要用函数@free（变量）定义。有界变量用函数@BND（下界，变量，上界）定义。

【例 2.15】 用 LINGO 求解［例 2.8］问题。

启动 LINGO 后，主界面上（图 2.11）输入如下内容：

max=$5x_1+8x_2+6x_3$；

$x_1+x_2+x_3<=12$；

$x_1+2x_2+3x_3<=20$；

然后在主菜单上，点求解按钮（solve）就可得出结果如图 2.12 所示。

```
Global optimal solution found.
Objective value:                              84.00000
Infeasibilities:                              0.000000
Total solver iterations:                             2
Elapsed runtime seconds:                          0.05

Model Class:                                        LP

Total variables:                     3
Nonlinear variables:                 0
Integer variables:                   0

Total constraints:                   3
Nonlinear constraints:               0

Total nonzeros:                      9
Nonlinear nonzeros:                  0

                    Variable           Value        Reduced Cost
                          X1        4.000000            0.000000
                          X2        8.000000            0.000000
                          X3        0.000000            5.000000

                         Row    Slack or Surplus      Dual Price
                           1        84.00000            1.000000
                           2        0.000000            2.000000
                           3        0.000000            3.000000
```

图 2.12　LINGO 运行结果

运行结果与［例 2.8］同。

如果模型输入有问题，可以回到输入窗口，进行编辑加工。或者对个别系数进行调整，然后再运行来观察解的变化情况。LINGO 输入的模型内容与正常书写格式基本一致。

交互的输入功能方便修改，方便个别系数调整试运行。

利用 LINGO 进行灵敏度分析，需要先在主菜单上 Solver 下进行设置：

Solver→Options→General Solver→Dual Computations→Prices and Range

然后运行主菜单下 Solver→Range，就可得到结果（图 2.13）。

```
Ranges in which the basis is unchanged:

                          Objective Coefficient Ranges:

                          Current          Allowable        Allowable
           Variable     Coefficient        Increase         Decrease
                 X1        5.000000        3.000000         1.000000
                 X2        8.000000        2.000000         2.500000
                 X3        6.000000        5.000000         INFINITY

                              Righthand Side Ranges:

                          Current          Allowable        Allowable
                Row           RHS          Increase         Decrease
                  2      12.00000          8.000000         2.000000
                  3      20.00000          4.000000         8.000000
```

图 2.13 LINGO 灵敏度分析结果

图中 2.13 运行结果与图 2.10 采用 Excel 的敏感性分析是一致的。

2.5.3 MATLAB 线性规划求解

MATLAB 是矩阵实验室（matrix laboratory）的简称，是由美国 Math Works 公司开发的主要面向科学计算、可视化以及交互程序设计的软件。自 1992 年推出 MATLAB1.0 版本后，近 30 年已经更新了多个版本。MATLAB 语言具有其他高级语言难以比拟的一些优点，编写简单，编程效率高，易学易懂，被称为演算纸的科学算法语言（马莉，2010；王志新，2013；项家樑，2014；栾颖，2014）。

MATLAB 解线性规划问题有两种方法，一种方法是使用 linprog 命令，另一种是使用 optimtool 工具箱，这里仅介绍使用 linprog 函数的线性规划求解方法。

在 MATLAB 下，线性规划一般形式是：

$$\min Z = cx$$
$$\left.\begin{array}{l} Ax \leqslant b \\ Aeq = beq \\ lb \leqslant x \leqslant ub \end{array}\right\}$$

c 为目标函数的价值系数，A、Aeq 对应不等式和等式约束的系数矩阵，b、beq 对应不等式和等式约束的常数项，lb、ub 对应变量 x 的下界和上界。

一般情况下，linprog 命令的参数形式为 [x，fval]=linprog(c，A，b，Aeq，beq，lb，ub，x0)，命令中各参数的含义如下：

[x，fval] 返回值中 x 为最优解，fval 为最优值。

c 表示目标函数中各个变量前面的系数向量，如果是求最小值问题，那么 c 就是各个变量的系数，如果是求最大值问题，那么 c 就是各个变量的系数的相反数。

A 和 b 表示不等式约束 Ax≤b 中的矩阵 A 和向量 b。

Aeq 和 beq 表示等式约束 Aeq=beq 中的矩阵 Aeq 和向量 beq。如果没有等式约束，

该选项用 [] 表示。

lb 和 ub 分别表示自变量的上下界组成的向量，如果没有上下界，该选项用 [] 表示。

x0 表示变量的初始值，可以缺省。

【例 2.16】 用 MATLAB 求解 [例 2.8] 问题。

先将 [例 2.8] 转化为 MATLAB 标准形式：

$$\min Z=-5x_1-8x_2-6x_3$$
$$x_1+x_2+x_3\leqslant 12$$
$$x_1+2x_2+3x_3\leqslant 20$$
$$x_1、x_2、x_3\geqslant 0$$

此时

$$c=(-5,-8,-6),A=\begin{pmatrix}1 & 1 & 1\\1 & 2 & 3\end{pmatrix},b=\begin{pmatrix}12\\20\end{pmatrix},lb=\begin{bmatrix}0\\0\\0\end{bmatrix}$$

启动 MATLAB 后，在英文输入法状态下，命令行窗口输入如下内容并回车确认后，命令行及结果如图 2.14 所示。

由于 MATLAB 语言中，线性规划目标函数是极小值，linprog 运行的结果改变符号后，才是原问题的最优值（−84→84）。

由于没有等式约束条件，本例题中命令行可以简化为如图 2.15 所示输入内容，输出结果是一样的。

```
c=[-5 -8 -6];
A=[1 1 1;1 2 3];
b=[12;20];
Aeq=[];
beq=[];
lb=[0 0 0];
ub=[];
[x,feval]=linprog(c,A,b,Aeq,beq,lb,ub)
Optimization terminated.

x =

    4.0000
    8.0000
    0.0000


feval =

  -84.0000
```

图 2.14 [例 2.16] linprog 输入及运行结果

```
>> clear all
c=[-5 -8 -6];
A=[1 1 1;1 2 3];
b=[12;20];
lb=[0 0 0];
[x,feval]=linprog(c,A,b, [],[],lb)
Optimization terminated.

x =

    4.0000
    8.0000
    0.0000


feval =

  -84.0000

fx >>
```

图 2.15 [例 2.16] linprog 简化输入及运行结果

上面简单介绍的 Excel、LINGO 和 MATLAB 线性规划求解方法各有特点，更多了解可以参考相关文献。本书主要采用 Excel 求解方法。

2.6　应用线性规划方法求解地下水资源管理模型

线性规划是建立地下水资源管理模型最广泛和最常用的方法，无论是集中参数系统与分布参数系统，或是水力的、水质的、经济的不同目的管理模型，只要变量是线性关系单目标问题，均可应用线性规划问题求解。

在地下水资源管理中，一般是将地下水的模拟（预报）模型与线性规划问题偶合，构成地下水资源优化管理模型。这种偶合的管理模型，主要通过嵌入法和响应矩阵法来实现的。以下就对这两种方法的应用与求解加以讨论。

2.6.1　嵌入法（embedding method）

前面介绍的线性规划模型，可用如图 2.16 所示的示意图表示。为与后面嵌入法后的 LP 模型以示区别，这里线性规划模型用 LP′表示。

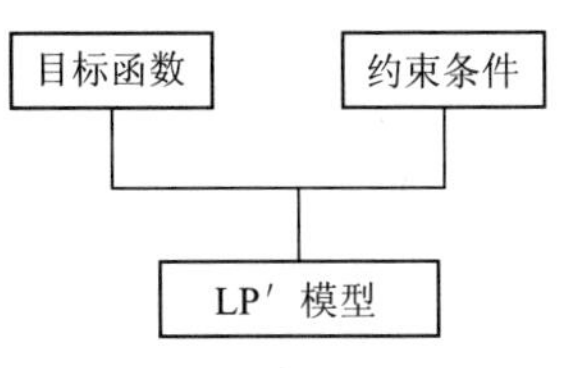

图 2.16　线性规划模型结构

【例 2.17】　二单元潜水含水层稳定流水量分配。

有一矩形潜水含水层，三面为隔水边界，河水位视为定水头，地下水接受大气降水补给，向河流排泄，已知含水层的几何参数和导水系数 T、降水入渗补给强度 N。规划要在两个单元抽水，单位抽水费用为 c_1 和 c_2。规划要求对二单元的稳定抽水量最优分配，使其满足总需水量 D 和二单元最低水位限制条件下，总的费用最小（雅·贝尔，1985；陈爱光等，1991；鲍新华等，2010），如图 2.17 所示。

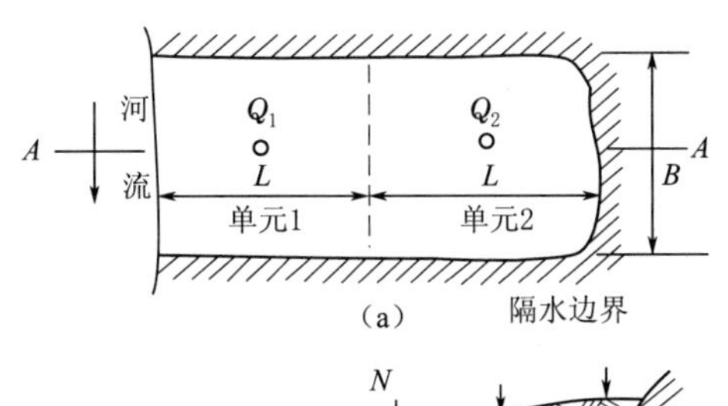

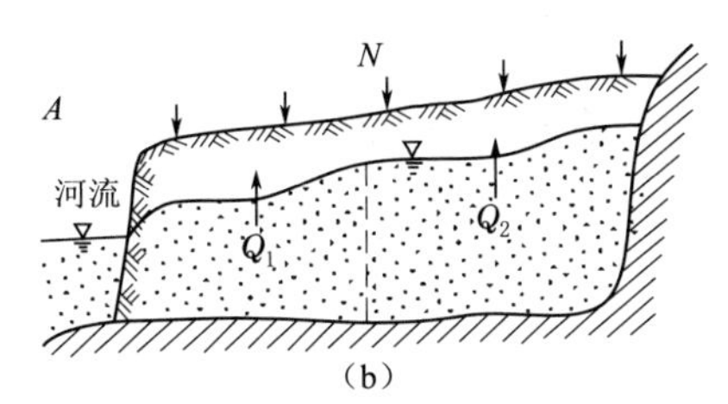

图 2.17　二单元潜水含水层规划问题

有关参数为

$$L=10000\text{m},\ B=10000\text{m}$$

补给强度：$N=0.36\text{m/a}$

导水系数：$T=3.6\times10^6\text{m}^2/\text{a}$

水位限制（假设河水位为零）：$h_{1\min}=2.5\text{m}$，$h_{2\min}=5\text{m}$

需水量：$D=4.5\times10^7\text{m}^3/\text{a}$

抽水费用：c_1、c_2

解法一：不考虑水量均衡问题。

可给出该问题的线性规划模型为

LP′模型：

$$\min Z=c_1Q_1+c_2Q_2 \tag{2.11}$$

$$\left.\begin{aligned}&h_1\geqslant h_{1\min}\\&h_2\geqslant h_{2\min}\\&Q_1+Q_2\geqslant D\\&h_1、h_2、Q_1、Q_2\geqslant 0\end{aligned}\right\} \tag{2.12}$$

给定 $c_1=0.2$ 元/m³、$c_2=0.1$ 元/m³，代入相关数据整理后，采用前面介绍的 Excel 求解，结果如图 2.18 所示。

将 c_1、c_2 值交换下，又能求解出新的一组解。两个方案下的结果汇总见表 2.6。

	A	B	C	D	E	F	G
1		Q_1	Q_2	h_1	h_2	计算值	条件限制
2	变量结果	0	45000000	2.5	5		
3	目标函数	**0.2**	**0.1**	0	0	4500000	
4	约束1	1	1	0	0	45000000	45000000
5	约束2	0	0	1	0	2.5	2.5
6	约束3	0	0	0	1	5	5

图2.18　二单元潜水含水层解法一 Excel 求解结果

表2.6　　[例2.17] 解法一二方案结果汇总表

方案	c_1 /(元/m³)	c_2 /(元/m³)	h_1 /m	h_2 /m	Q_1 /(×10⁷m³/a)	Q_2 /(×10⁷m³/a)	Z /(×10⁶元/a)
1	0.2	0.1	2.5	5	0	4.5	4.5
2	0.1	0.2	2.5	5	4.5	0	4.5

解法二：考虑水量均衡问题。

设 I 为水力梯度，根据达西定律，单元1与河流、单元1与单元2断面的流量应为 TBI。取河水位为0，可列出单元1和单元2的均衡方程如下：

单元1：
$$T\frac{h_2-h_1}{L}B+NLB-T\frac{h_1}{L/2}B-Q_1=0$$

单元2：
$$NLB-T\frac{h_2-h_1}{L}B-Q_2=0$$

上述两式整理后作为约束条件，加入到模型LP′中，有新的LP模型。

LP模型：
$$\min Z=c_1Q_1+c_2Q_2 \tag{2.13}$$

$$\left.\begin{aligned}&h_1\geqslant h_{1\min}\\&h_2\geqslant h_{2\min}\\&Q_1+Q_2\geqslant D\\&3TBh_1/L-TBh_2/L+Q_1=NLB\\&-TBh_1/L+TBh_2/L+Q_2=NLB\\&h_1、h_2、Q_1、Q_2\geqslant 0\end{aligned}\right\} \tag{2.14}$$

用 Excel 求解上面 LP 模型，解见表2.7。

表2.7　　[例2.17] 解法二二方案结果汇总表

方案	c_1 /(元/m³)	c_2 /(元/m³)	h_1 /m	h_2 /m	Q_1 /(×10⁷m³/a)	Q_2 /(×10⁷m³/a)	Z /(×10⁶元/a)
1	0.2	0.1	3.75	5	1.35	3.15	5.85
2	0.1	0.2	3.75	13.75	4.5	0	4.5

两个线性规划模型均有解，也都符合最优决策总是趋向于抽水费用最小的单元抽水。哪个解法对呢？

如果对解法一从单元上及整个区域上，对解进行水均衡验证计算，就能找到问题答案了。

解法一错误：水量不均衡（以方案1为例）。

	流出		流入
研究区均衡：	$Q_1+Q_2+2TBh_1/L$		$2NLB$
	$6.3\times10^7\,m^3/a$	$\neq$	$7.2\times10^7\,m^3/a$
单元1均衡：	Q_1+2TBh_1/L		$NLB+TB(h_2-h_1)/L$
	$1.8\times10^7\,m^3/a$	$\neq$	$4.5\times10^7\,m^3/a$
单元2均衡：	$Q_2+TB(h_2-h_1)/L$		NLB
	$5.4\times10^7\,m^3/a$	$\neq$	$3.6\times10^7\,m^3/a$

没有数值模型的优化模型，可能有解，也可能无解。但即使是有解，解在单元上和均衡区上均没达不均衡。不均衡怎么可能是稳定运动！

解法二则把每个单元的均衡方程作为约束条件加入（嵌入）到规划模型中，解一定满足每个单元上的水均衡。每个单元上均衡了，整个区域上肯定也是均衡的。

解法二加入的两个方程，实际上是反映了地下水内在运动规律的水位流量关系，实际上就是地下水的数值方程。

本例题中，单元上的入渗补给量与开采量之差，为含水层向河流的排泄量。按此思路，可以计算傍河水源地袭多河流的补给量，或者计算这部分水量占开采量的比例。

嵌入法：将地下水数值方程组作为一组约束条件加入线性规划模型中的建模方法称为嵌入法。

数值方程形式　　　　$[A]\cdot H+[I]Q=R$

式中　$[A]$——线性方程组系数矩阵；

H——各节点各时段水位或降深的列向量；

$[I]$——单位矩阵；

Q——可控输入量；

R——常数项。

参见上面的LP模型，嵌入法可用图2.19表示。

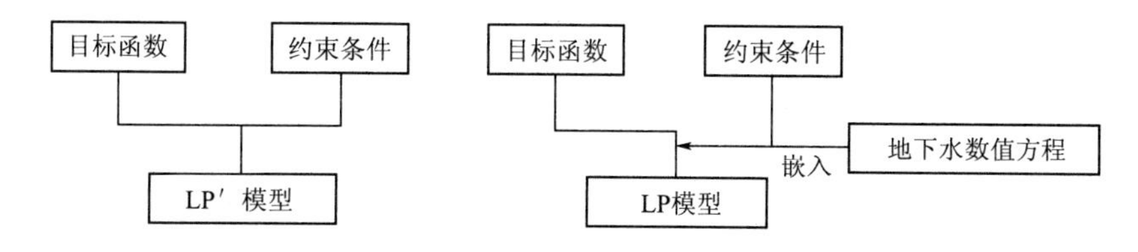

图2.19　嵌入前后线性规划模型的变化

【例2.18】 承压水二维稳定问题。

二维承压均质含水层，四周为定水头边界，设含水层隔水顶板底面为水位基准线，其剖面及平面差分网格如图2.20所示。要求规划布置4口井，其中3眼分别位于6、7、11节点上，另1眼井可布置在10、14、15、18、19任一节点上，每井抽水量不得小于P（P

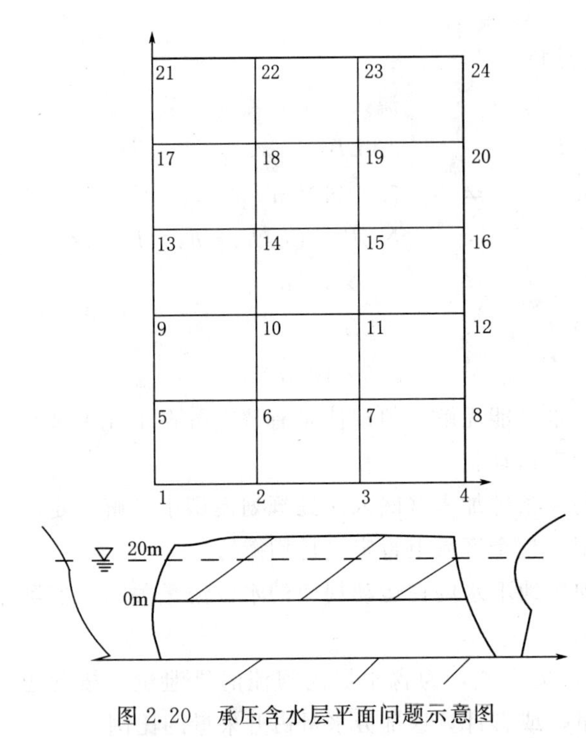

图 2.20　承压含水层平面问题示意图

单位为强度，m/d)，总需水量为 $4P$。并要求各井抽水产生的降深值之和最小(即水位值之和最大)，已知含水层导水系数 $T=1000\text{m}^2/\text{d}$，抽水前天然水位为水平，水位 $h=20\text{m}$，差分剖分网格 $\Delta x=\Delta y=1000\text{m}$（陈爱光等，1991，结果有更正）。

描述该问题的数学模型为

$$T\left(\frac{\partial^2 h}{\partial x^2}+\frac{\partial^2 h}{\partial y^2}\right)-Q=0$$

$$h(x,y)|_L=20$$

$$0\leqslant x\leqslant L_x$$

$$0\leqslant y\leqslant L_y$$

式中　Q——抽水强度；

L_x、L_y——含水层沿 x、y 方向的长度。

设决策变量 Q_i 为稳定抽水量，状态变量 h_i 为水位值。依题意有：

目标函数　　$\max Z=h_6+h_7+h_{10}+h_{11}+h_{14}+h_{15}+h_{18}+h_{19}$

可以用均衡法写出各节点的差分方程。节点均衡区是以节点为中心，四周各取单元间一半距离构成的。本例题共 8 个计算节点，需要列出每个点的均衡方程。如节点 6 的方程为

$$T\frac{h_7-h_6}{\Delta x}\Delta y-T\frac{h_6-h_{05}}{\Delta x}\Delta y+T\frac{h_{10}-h_6}{\Delta y}\Delta x-T\frac{h_6-h_{02}}{\Delta y}\Delta x-Q_6\Delta x\Delta y=0$$

代入 $\Delta x=\Delta y$，整理有

$$4h_6-h_7-h_{10}+Q_6\frac{(\Delta x)^2}{T}=h_{02}+h_{05}$$

式中　h_{02}、h_{05}表示边界节点上对应点已知水位，本题中河流边界初始水位均为 20m。

类似可列出其他节点的方程，可用矩阵表示整个 8 个节点的方程：

$$\begin{pmatrix}4&-1&-1&0&0&0&0&0\\-1&4&0&-1&0&0&0&0\\-1&0&4&-1&-1&0&0&0\\0&-1&-1&4&0&-1&0&0\\0&0&-1&0&4&-1&-1&0\\0&0&0&-1&-1&4&0&-1\\0&0&0&0&-1&0&4&-1\\0&0&0&0&0&-1&-1&4\end{pmatrix}\begin{pmatrix}h_6\\h_7\\h_{10}\\h_{11}\\h_{14}\\h_{15}\\h_{18}\\h_{19}\end{pmatrix}+\frac{(\Delta x)^2}{T}\begin{pmatrix}Q_6\\Q_7\\Q_{10}\\Q_{11}\\Q_{14}\\Q_{15}\\Q_{18}\\Q_{19}\end{pmatrix}=\begin{pmatrix}h_{02}+h_{05}\\h_{03}+h_{08}\\h_{09}\\h_{012}\\h_{013}\\h_{016}\\h_{017}+h_{022}\\h_{020}+h_{023}\end{pmatrix}$$

其他约束为

$$Q_{10}+Q_{14}+Q_{15}+Q_{18}+Q_{19}\geqslant P$$

$$Q_6\geqslant P$$

$$Q_7\geqslant P$$

$$Q_{11}\geqslant P$$

$$h_i\geqslant 0(i=6,7,10,11,14,15,18,19)$$

$$Q_j\geqslant 0(j=10,14,15,18,19)$$

将以上数据代入 Excel 规划求解，设定 3 种不同的 P 值（$P=0$，不抽水；$P=0.01\text{m}^3/\text{d}$；$P=0.03965\text{m}^3/\text{d}$，抽水稳定时某井降深刚好达到 20m，即水位到达承压水隔水顶板。$P=0.03965\text{m}^3/\text{d}$ 数值是试算出来的），运行结果见表 2.8。

表 2.8　[例 2.18] 3 种不同抽水强度下 Excel 优化结果

设定的抽水量 $4P/(\text{m}^3/\text{d})$	达到抽水量/(m^3/d)	节点抽水量/(m^3/d)							
		Q_6	Q_7	Q_{10}	Q_{11}	Q_{14}	Q_{15}	Q_{18}	Q_{19}
0	0	0	0	0	0	0	0	0	0
0.04	0.04	0.01	0.01	0	0.01	0	0	0.01	0
0.1586	0.1586	0.03965	0.03965	0	0.03965	0	0	0	0.03965
设定的抽水量/(m^3/d)	达到抽水量/(m^3/d)	节点水位/m							
		h_6	h_7	h_{10}	h_{11}	h_{14}	h_{15}	h_{18}	h_{19}
0	0	20	20	20	20	20	20	20	20
0.04	0.04	15.57	15.15	17.13	15.05	17.92	17.90	16.64	18.63
0.1586	0.1586	2.52	0.72	9.00	0.00	13.47	9.95	14.95	6.31

定性分析看，当点 6、7、11 布置 3 口抽水井后，为使区域总体水位降深小，另 1 口抽水井应该布置在离开 6、7、11 点尽可能远的地方。从图 2.20 分析看，18 点最佳。从计算结果看，在抽水情况下的后两个方案，优化的抽水井或在 18 点，或在 19 点，基本与定性分析一致。

使用 Surfer 软件，输入坐标点及水位高程，可以方便地画出不同优化方案下的水位等值线图。[例 2.18] 最后一种情况下（表 2.8）等值线图如图 2.21 所示。从图 2.21 中可以看到，6、7、11 井形成了一个水位下降漏斗连片区，19 井局部形成单井水位下降漏斗区。

【例 2.19】 潜水含水层三单元二时段非稳定抽水最优分配问题。

设有一矩形潜水含水层（长 $3L$、宽 L，$L=1000\text{m}$），西侧以河流作定水头边界，年平均水位 $H_0=40\text{m}$，其他 3 边界为隔水边界（图 2.22），年平均降水入渗强度 $N=154\text{mm/a}$（或 0.4mm/d），含水层平均导水系数 $T=1000\text{m}^2/\text{d}$，给水度 $\mu=0.3$。该含水层分为 3 个正方形单元网格，各单元均可抽水，目前该含水层尚未开发，现要求在满足今后第一年和第二年分别提供水量为 $P_1=5000\text{m}^3/\text{d}$ 和 $P_2=7500\text{m}^3/\text{d}$ 的条件下，如何合理开采地下水，使得第二年末 3 个单元平均水位之和最大。同时，要求在第二年末单元 1 的

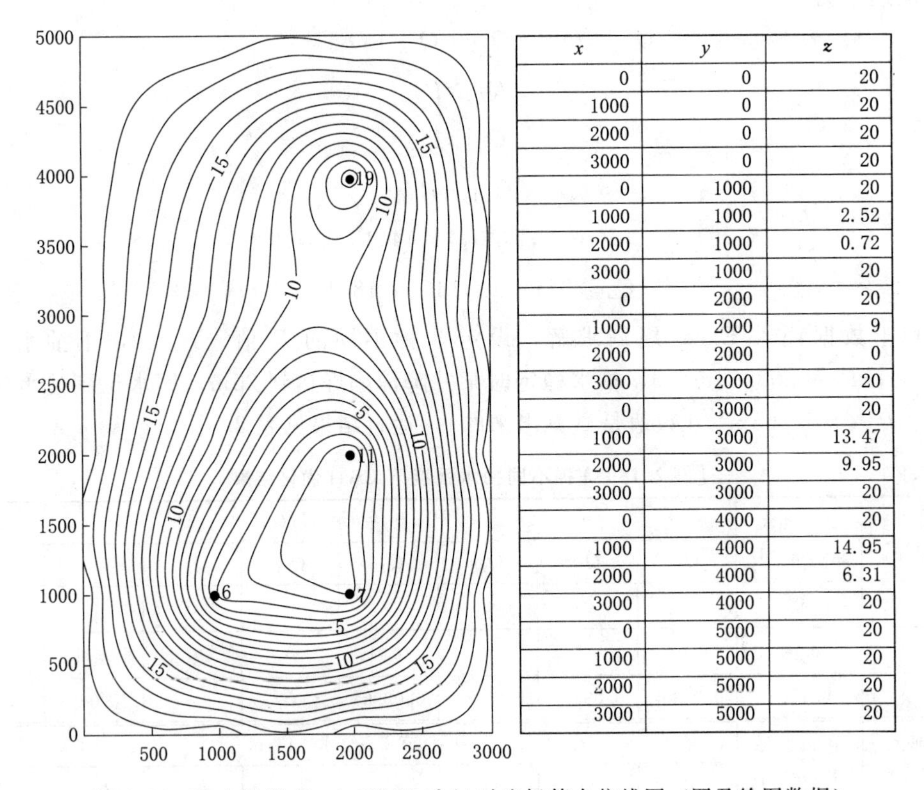

x	y	z
0	0	20
1000	0	20
2000	0	20
3000	0	20
0	1000	20
1000	1000	2.52
2000	1000	0.72
3000	1000	20
0	2000	20
1000	2000	9
2000	2000	0
3000	2000	20
0	3000	20
1000	3000	13.47
2000	3000	9.95
3000	3000	20
0	4000	20
1000	4000	14.95
2000	4000	6.31
3000	4000	20
0	5000	20
1000	5000	20
2000	5000	20
3000	5000	20

图 2.21　抽水强度 $P=0.03965\text{m}^3/\text{d}$ 时流场等水位线图（图及绘图数据）

平均水位不低于 $H_1=39\text{m}$（杨悦所等，1992；卢文喜，1999；鲍新华等，2010）。

河　流　单元1　单元2　单元3

图 2.22　三单元潜水非稳定问题

解：以 1 年为 1 个管理时段（$\Delta t=365\text{d}$），共分两个时段，决策变量为各单元各时段抽水量 $Q_i^{(k)}$，状态变量为水位 $h_i^{(k)}$（$i=1,2,3$ 为单元序号；$k=1,2$ 为时段）。

依题意有：

目标函数：
$$\max Z=\sum_{i=1}^{3} h_i^{(2)} \tag{2.15}$$

约束条件：

$$\left.\begin{aligned}
&Q_1^{(1)}+Q_2^{(1)}+Q_3^{(1)}\geqslant P_1=5000\\
&Q_1^{(2)}+Q_2^{(2)}+Q_3^{(2)}\geqslant P_2=7500\\
&h_1^{(2)}\geqslant H_1=39\\
&Q_i^{(k)}\geqslant 0\\
&h_i^{(k)}\geqslant 0\\
&i=1,2,3;k=1,2
\end{aligned}\right\} \tag{2.16}$$

(1) 为建立数值约束方程，先要确定未开发（未抽水）前天然水位。

抽水前稳定情况下三单元的均衡方程为

$$
\left.\begin{array}{ll}
\text{单元 1：} & L^2N+T\dfrac{h_2^{(0)}-h_1^{(0)}}{L}L-T\dfrac{h_1^{(0)}-H_0^{(0)}}{L/2}L=0 \\
\text{单元 2：} & L^2N+T\dfrac{h_3^{(0)}-h_2^{(0)}}{L}L-T\dfrac{h_2^{(0)}-h_1^{(0)}}{L}L=0 \\
\text{单元 3：} & L^2N-T\dfrac{h_3^{(0)}-h_2^{(0)}}{L}L=0
\end{array}\right\} \tag{2.17}
$$

整理式（2.17）有

$$
\left.\begin{array}{l}
3h_1^{(0)}-h_2^{(0)}=2H_0+L^2N/T \\
-h_1^{(0)}+2h_2^{(0)}-h_3^{(0)}=L^2N/T \\
-h_2^{(0)}+h_3^{(0)}=L^2N/T
\end{array}\right\} \tag{2.18}
$$

代入基本数据（N 取 0.4mm/d），有方程：

$$
\left.\begin{array}{l}
3h_1^{(0)}-h_2^{(0)}=80.4 \\
-h_1^{(0)}+2h_2^{(0)}-h_3^{(0)}=0.4 \\
-h_2^{(0)}+h_3^{(0)}=0.4
\end{array}\right\} \tag{2.19}
$$

用 Excel 规划求解，解为 $h_1^{(0)}=40.6$m，$h_2^{(0)}=41.4$m，$h_3^{(0)}=41.8$m。

(2) 再确定非稳定均衡方程（隐式法）。

1) 第一时段末。

$$
\left.\begin{array}{ll}
\text{单元 1：} & L^2N+T\dfrac{h_2^{(1)}-h_1^{(1)}}{L}L-T\dfrac{h_1^{(1)}-H_0}{L/2}L-Q_1^{(1)}=\mu\dfrac{h_1^{(1)}-h_1^{(0)}}{\Delta t}L^2 \\
\text{单元 2：} & L^2N+T\dfrac{h_3^{(1)}-h_2^{(1)}}{L}L-T\dfrac{h_2^{(1)}-h_1^{(1)}}{L}L-Q_2^{(1)}=\mu\dfrac{h_2^{(1)}-h_2^{(0)}}{\Delta t}L^2 \\
\text{单元 3：} & L^2N-T\dfrac{h_3^{(1)}-h_2^{(1)}}{L}L-Q_3^{(1)}=\mu\dfrac{h_3^{(1)}-h_3^{(0)}}{\Delta t}L^2
\end{array}\right\} \tag{2.20}
$$

2) 第二时段末。类似有

$$
\left.\begin{array}{ll}
\text{单元 1：} & L^2N+T\dfrac{h_2^{(2)}-h_1^{(2)}}{L}L-T\dfrac{h_1^{(2)}-H_0}{L/2}L-Q_1^{(2)}=\mu\dfrac{h_1^{(2)}-h_1^{(1)}}{\Delta t}L^2 \\
\text{单元 2：} & L^2N+T\dfrac{h_3^{(2)}-h_2^{(2)}}{L}L-T\dfrac{h_2^{(2)}-h_1^{(2)}}{L}L-Q_2^{(2)}=\mu\dfrac{h_2^{(2)}-h_2^{(1)}}{\Delta t}L^2 \\
\text{单元 3：} & L^2N-T\dfrac{h_3^{(2)}-h_2^{(2)}}{L}L-Q_3^{(2)}=\mu\dfrac{h_3^{(2)}-h_3^{(1)}}{\Delta t}L^2
\end{array}\right\} \tag{2.21}
$$

将已知数据 $L=1000$m、$N=0.4$mm/d、$T=1000\text{m}^2/\text{d}$、$H_0=40$m、$\Delta t=365$d、

$h_1^{(0)}=40.6\text{m}$、$h_2^{(0)}=41.4\text{m}$、$h_3^{(0)}=41.8\text{m}$ 代入，整理有

$$\begin{Bmatrix} 3.822 & -1 & 0 & 0 & 0 & 0 \\ -1 & 2.822 & -1 & 0 & 0 & 0 \\ 0 & -1 & 1.822 & 0 & 0 & 0 \\ -0.822 & 0 & 0 & 3.822 & -1 & 0 \\ 0 & -0.822 & 0 & -1 & 2.822 & -1 \\ 0 & 0 & -0.822 & 0 & -1 & 1.822 \end{Bmatrix} \begin{Bmatrix} h_1^{(1)} \\ h_2^{(1)} \\ h_3^{(1)} \\ h_1^{(2)} \\ h_2^{(2)} \\ h_3^{(2)} \end{Bmatrix} +$$

$$\frac{1}{1000} \begin{Bmatrix} Q_1^{(1)} \\ Q_2^{(1)} \\ Q_3^{(1)} \\ Q_1^{(2)} \\ Q_2^{(2)} \\ Q_3^{(2)} \end{Bmatrix} = \begin{Bmatrix} 113.77 \\ 34.43 \\ 34.76 \\ 80.4 \\ 0.4 \\ 0.4 \end{Bmatrix} \tag{2.22}$$

将式（2.22）嵌入式（2.16）中，构成新的约束，Excel 求解结果如图 2.23 所示。

	A	B	C	D	E	F	G	H	I	J	K	L	M	N	O
1		$h_1(1)$	$h_2(1)$	$h_3(1)$	$h_1(2)$	$h_2(2)$	$h_3(2)$	$Q_1(1)$	$Q_2(1)$	$Q_3(1)$	$Q_1(2)$	$Q_2(2)$	$Q_3(2)$	计算值	条件限制
2	变量结果	39.12	40.75	41.44	39.00	39.24	37.84	5000.00	0.00	0	2740	0	4760		
3	目标函数	0	0	0	1	1	1	0	0	0	0	0	0	116.0813	
4	约束1	0	0	0	0	0	0	1	1	1	0	0	0	5000	5000
5	约束2	0	0	0	0	0	0	0	0	0	1	1	1	7500	7500
6	约束3	0	0	0	1	0	0	0	0	0	0	0	0	39	39
7	约束4	3.822	-1	0	0	0	0	0.001	0	0	0	0	0	113.77	113.77
8	约束5	-1	2.822	-1	0	0	0	0	0.001	0	0	0	0	34.43	34.43
9	约束6	0	-1	1.822	0	0	0	0	0	0.001	0	0	0	34.76	34.76
10	约束7	-0.822	0	0	3.822	-1	0	0	0	0	0.001	0	0	80.4	80.4
11	约束8	0	-0.822	0	-1	2.822	-1	0	0	0	0	0.001	0	0.4	0.4
12	约束9	0	0	-0.822	0	-1	1.822	0	0	0	0	0	0.001	0.4	0.4

图 2.23　［例 2.19］Excel 求解结果

【例 2.20】 潜水含水层二单元三时段非稳定抽水最优分配

为进一步熟悉非稳定抽水下嵌入法求解过程，对［例 2.19］稍加改造：设有一矩形潜水含水层（长 $2L$、宽 L，$L=1000\text{m}$），西侧以河流作定水头边界，年平均水位 $H_0=40\text{m}$，其他 3 边为隔水边界（图 2.24），年平均降水入渗强度 $N=0.4\text{mm/d}$，含水层平均导水系数 $T=1000\text{m}^2/\text{d}$，给水度 $\mu=0.3$。该含水层分为 2 个正方形单元网格，各单元均可抽水，目前该含水层尚未开发，现要求在满足今后第一年、第二年和第三年分别提供水量为 $P_1=2000\text{m}^3/\text{d}$、$P_1=3000\text{m}^3/\text{d}$ 和 $P_3=5000\text{m}^3/\text{d}$ 的条件下，如何合理开采地下水，使得第三年末 3 个单元平均水位之和最大。同时，要求在第三年末单元 1 的平均水位不低于 $H_1=39\text{m}$。

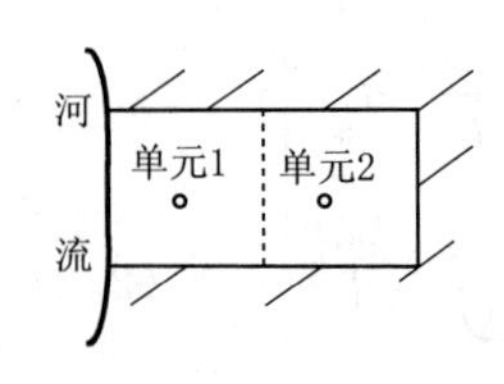

图 2.24　二单元潜水非稳定问题

解：以1年为1个管理时段（$\Delta t=365\text{d}$），共分3个时段，决策变量为各单元各时段抽水量 $Q_i^{(k)}$，状态变量为水位 $h_i^{(k)}$（$i=1$，2为单元序号；$k=1$，2，3为时段）。

以题意，有

目标函数：
$$\max Z=\sum_{i=1}^{2}h_i^{(3)} \tag{2.23}$$

约束条件：
$$\left.\begin{aligned}&Q_1^{(1)}+Q_2^{(1)}\geqslant P_1=2000\\&Q_1^{(2)}+Q_2^{(2)}\geqslant P_2=3000\\&Q_1^{(3)}+Q_2^{(3)}\geqslant P_3=5000\\&h_1^{(3)}\geqslant H_1=39\\&Q_i^{(k)}\geqslant 0,h_i^{(k)}\geqslant 0\\&i=1,2;k=1,2,3\end{aligned}\right\} \tag{2.24}$$

数值约束：

（1）先确定初始水位。抽水前二单元的均衡方程为

$$\left.\begin{aligned}&\text{单元1：}\quad L^2N+T\frac{h_2^{(0)}-h_1^{(0)}}{L}L-T\frac{h_1^{(0)}-H_0}{L/2}L=0\\&\text{单元2：}\quad L^2N-T\frac{h_2^{(0)}-h_1^{(0)}}{L}L=0\end{aligned}\right\} \tag{2.25}$$

整理式（2.5）有

$$\left.\begin{aligned}&3h_1^{(0)}-h_2^{(0)}=2H_0+L^2N/T\\&-h_1^{(0)}+h_2^{(0)}=L^2N/T\end{aligned}\right\} \tag{2.26}$$

代入基本数据（N 取0.4mm/d），有方程：

$$\left.\begin{aligned}&3h_1^{(0)}-h_2^{(0)}=80.4\\&-h_1^{(0)}+h_2^{(0)}=0.4\end{aligned}\right\} \tag{2.27}$$

用Excel规划求解，解为 $h_1^{(0)}=40.4\text{m}$，$h_2^{(0)}=40.8\text{m}$。

（2）再确定非稳定均衡方程。

1）第一时段末。

$$\left.\begin{aligned}&\text{单元1：}\quad L^2N+T\frac{h_2^{(1)}-h_1^{(1)}}{L}L-T\frac{h_1^{(1)}-H_0}{L/2}L-Q_1^{(1)}=\mu\frac{h_1^{(1)}-h_1^{(0)}}{\Delta t}L^2\\&\text{单元2：}\quad L^2N-T\frac{h_2^{(1)}-h_1^{(1)}}{L}L-Q_2^{(1)}=\mu\frac{h_2^{(1)}-h_2^{(0)}}{\Delta t}L^2\end{aligned}\right\} \tag{2.28}$$

2）第二时段末。类似有

$$\left.\begin{aligned}&\text{单元1：}\quad L^2N+T\frac{h_2^{(2)}-h_1^{(2)}}{L}L-T\frac{h_1^{(2)}-H_0}{L/2}L-Q_1^{(2)}=\mu\frac{h_1^{(2)}-h_1^{(1)}}{\Delta t}L^2\\&\text{单元2：}\quad L^2N-T\frac{h_2^{(2)}-h_1^{(2)}}{L}L-Q_2^{(2)}=\mu\frac{h_2^{(2)}-h_2^{(1)}}{\Delta t}L^2\end{aligned}\right\} \tag{2.29}$$

3）第三时段末。类似有

$$\left.\begin{aligned}&\text{单元 1:}\quad L^2N+T\frac{h_2^{(3)}-h_1^{(3)}}{L}L-T\frac{h_1^{(3)}-H_0}{L/2}L-Q_1^{(3)}=\mu\frac{h_1^{(3)}-h_1^{(2)}}{\Delta t}L^2\\&\text{单元 2:}\quad L^2N-T\frac{h_2^{(3)}-h_1^{(3)}}{L}L-Q_2^{(3)}=\mu\frac{h_2^{(3)}-h_2^{(2)}}{\Delta t}\mathrm{L}^2\end{aligned}\right\}\tag{2.30}$$

将已知数据 $L=1000\mathrm{m}$、$N=0.4\mathrm{mm/d}$、$T=1000\mathrm{m}^2/\mathrm{d}$、$H_0=40\mathrm{m}$、$\Delta t=365\mathrm{d}$、$h_1^{(0)}=40.4\mathrm{m}$、$h_2^{(0)}=40.8\mathrm{m}$ 代入，整理有

$$\begin{Bmatrix}3.82192 & -1 & 0 & 0 & 0 & 0\\ -1 & 1.82192 & 0 & 0 & 0 & 0\\ -0.82192 & 0 & 3.82192 & -1 & 0 & 0\\ 0 & -0.82192 & -1 & 1.82192 & 0 & 0\\ 0 & 0 & -0.82192 & 0 & 3.82192 & -1\\ 0 & 0 & 0 & -0.82192 & -1 & 1.82192\end{Bmatrix}\begin{Bmatrix}h_1^{(1)}\\h_2^{(1)}\\h_1^{(2)}\\h_2^{(2)}\\h_1^{(3)}\\h_2^{(3)}\end{Bmatrix}$$

$$\frac{1}{1000}\begin{Bmatrix}Q_1^{(1)}\\Q_2^{(1)}\\Q_1^{(2)}\\Q_2^{(2)}\\Q_1^{(3)}\\Q_2^{(3)}\end{Bmatrix}=\begin{Bmatrix}113.605\\33.9342\\80.4\\0.4\\80.4\\0.4\end{Bmatrix}\tag{2.31}$$

将式（2.31）嵌入式（2.24）中，构成新的约束，Excel 求解结果见表 2.9。

表 2.9　　【例 2.20】Excel 规划求解结果

时　段	1		2		3	
单元号	1	2	1	2	1	2
抽水量/(m^3/d)	2000	0	3000	0	1276.3	3724
水位/m	39.79	40.46	39.28	40.04	39.00	37.64
目标函数 Z/m	76.643					

【例 2.21】 潜水含水层四单元二时段非稳定抽水最优分配（[例 2.19]、[例 2.20] 稍变动）。

设有一矩形潜水含水层（长 $4L$、宽 L，$L=1000\mathrm{m}$），西侧以河流作定水头边界，年平均水位 $H_0=40\mathrm{m}$，其他 3 边为隔水边界（图 2.25），年平均降水入渗强度 $N=154\mathrm{mm/a}$（或平均 $0.4\mathrm{mm/d}$），含水层平均导水系数 $T=1000\mathrm{m}^2/\mathrm{d}$，给水度 $\mu=0.3$。该含水层分为 4 个正方形单元网格，各单元均可抽水，目前该含水层尚未开发，现要求在满足今后第一年和第

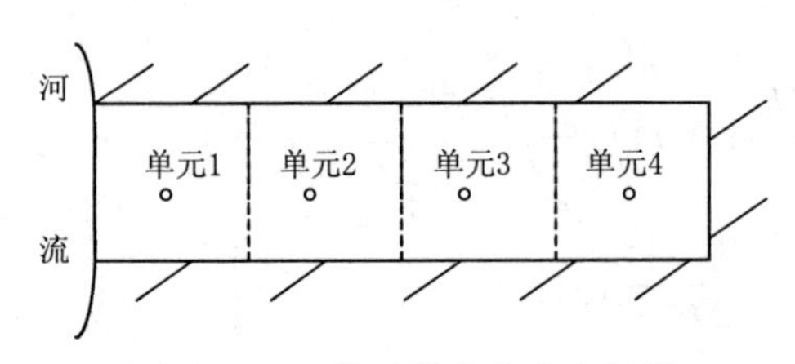

图 2.25　四单元潜水非稳定问题

二年分别提供水量为 $P_1=5000\text{m}^3/\text{d}$ 和 $P_2=7500\text{m}^3/\text{d}$ 的条件下，如何合理开采地下水，使得第二年末3个单元平均水位之和最大。同时，要求在第二年末单元1的平均水位不低于 $H_1=39\text{m}$。（该例题可以简略讲，大部分安排学生完成）

解：以1年为1个管理时段（$\Delta t=365\text{d}$），共分两个时段，决策变量为各单元各时段抽水量 $Q_i^{(k)}$，状态变量为水位 $h_i^{(k)}$（$i=1$，2，3，4 为单元序号；$k=1$，2 为时段）。

依题意有

目标函数：

$$\max Z=\sum_{i=1}^{4}h_i^{(2)} \tag{2.32}$$

约束条件：

$$\left.\begin{array}{l}Q_1^{(1)}+Q_2^{(1)}+Q_3^{(1)}+Q_4^{(1)}\geqslant P_1=5000\\ Q_1^{(2)}+Q_2^{(2)}+Q_3^{(2)}+Q_4^{(2)}\geqslant P_2=7500\\ h_1^{(2)}\geqslant H_1=39\\ Q_i^{(k)}\geqslant 0\\ h_i^{(k)}\geqslant 0\\ i=1,2,3,4;k=1,2\end{array}\right\} \tag{2.33}$$

数值约束：

（1）先确定初始水位。抽水前稳定三单元的均衡方程为

$$\left.\begin{array}{ll}\text{单元 1：} & L^2N+T\dfrac{h_2^{(0)}-h_1^{(0)}}{L}L-T\dfrac{h_1^{(0)}-H_0}{L/2}L=0\\ \text{单元 2：} & L^2N+T\dfrac{h_3^{(0)}-h_2^{(0)}}{L}L-T\dfrac{h_2^{(0)}-h_1^{(0)}}{L}L=0\\ \text{单元 3：} & L^2N+T\dfrac{h_4^{(0)}-h_3^{(0)}}{L}L-T\dfrac{h_3^{(0)}-h_2^{(0)}}{L}L=0\\ \text{单元 4：} & L^2N-T\dfrac{h_4^{(0)}-h_3^{(0)}}{L}L=0\end{array}\right\} \tag{2.34}$$

整理式（2.34）有

$$\left.\begin{array}{l}3h_1^{(0)}-h_2^{(0)}=2H_0+L^2N/T\\ -h_1^{(0)}+2h_2^{(0)}-h_3^{(0)}=L^2N/T\\ -h_2^{(0)}+2h_3^{(0)}-h_4^{(0)}=L^2N/T\\ -h_3^{(0)}+h_4^{(0)}=L^2N/T\end{array}\right\} \tag{2.35}$$

代入基本数据（N 取 0.4mm/d），有方程：

$$\left.\begin{aligned}&3h_1^{(0)}-h_2^{(0)}=80.4\\&-h_1^{(0)}+2h_2^{(0)}-h_3^{(0)}=0.4\\&-h_2^{(0)}+2h_3^{(0)}-h_4^{(0)}=0.4\\&-h_3^{(0)}+h_4^{(0)}=0.4\end{aligned}\right\}\tag{2.36}$$

用 Excel 规划求解，解为 $h_1^{(0)}=40.8\text{m}$、$h_2^{(0)}=42\text{m}$、$h_3^{(0)}=42.8\text{m}$、$h_4^{(0)}=43.2\text{m}$。

(2) 再确定非稳定均衡方程。

1) 第一时段末。

$$\left.\begin{aligned}&\text{单元 1：}\quad L^2N+T\frac{h_2^{(1)}-h_1^{(1)}}{L}L-T\frac{h_1^{(1)}-H_0}{L/2}L-Q_1^{(1)}=\mu\frac{h_1^{(1)}-h_1^{(0)}}{\Delta t}L^2\\&\text{单元 2：}\quad L^2N+T\frac{h_3^{(1)}-h_2^{(1)}}{L}L-T\frac{h_2^{(1)}-h_1^{(1)}}{L}L-Q_2^{(1)}=\mu\frac{h_2^{(1)}-h_2^{(0)}}{\Delta t}L^2\\&\text{单元 3：}\quad L^2N+T\frac{h_4^{(1)}-h_3^{(1)}}{L}L-T\frac{h_3^{(1)}-h_2^{(1)}}{L}L-Q_3^{(1)}=\mu\frac{h_3^{(1)}-h_3^{(0)}}{\Delta t}L^2\\&\text{单元 4：}\quad L^2N-T\frac{h_4^{(1)}-h_3^{(1)}}{L}L-Q_4^{(1)}=\mu\frac{h_4^{(1)}-h_4^{(0)}}{\Delta t}L^2\end{aligned}\right\}\tag{2.37}$$

2) 第二时段末。类似有

$$\left.\begin{aligned}&\text{单元 1：}\quad L^2N+T\frac{h_2^{(2)}-h_1^{(2)}}{L}L-T\frac{h_1^{(2)}-H_0}{L/2}L-Q_1^{(2)}=\mu\frac{h_1^{(2)}-h_1^{(1)}}{\Delta t}L^2\\&\text{单元 2：}\quad L^2N+T\frac{h_3^{(2)}-h_2^{(2)}}{L}L-T\frac{h_2^{(2)}-h_1^{(2)}}{L}L-Q_2^{(2)}=\mu\frac{h_2^{(2)}-h_2^{(1)}}{\Delta t}L^2\\&\text{单元 3：}\quad L^2N+T\frac{h_4^{(2)}-h_3^{(2)}}{L}L-T\frac{h_3^{(2)}-h_2^{(2)}}{L}L-Q_3^{(2)}=\mu\frac{h_3^{(2)}-h_3^{(1)}}{\Delta t}L^2\\&\text{单元 4：}\quad L^2N-T\frac{h_4^{(2)}-h_3^{(2)}}{L}L-Q_4^{(2)}=\mu\frac{h_4^{(2)}-h_4^{(1)}}{\Delta t}L^2\end{aligned}\right\}\tag{2.38}$$

将已知数据 $L=1000\text{m}$、$N=0.4\text{mm/d}$、$T=1000\text{m}^2/\text{d}$、$H_0=40\text{m}$、$\Delta t=365\text{d}$、$h_1^{(0)}=40.8\text{m}$、$h_2^{(0)}=42\text{m}$、$h_3^{(0)}=42.8\text{m}$、$h_4^{(0)}=43.2\text{m}$ 代入，整理有

$$\begin{bmatrix}3.822&-1&0&0&0&0&0&0\\-1&2.822&-1&0&0&0&0&0\\0&-1&2.822&-1&0&0&0&0\\0&0&-1&1.822&0&0&0&0\\-0.822&0&0&0&3.822&-1&0&0\\0&-0.822&0&0&-1&2.822&-1&0\\0&0&-0.822&0&0&-1&2.822&-1\\0&0&0&-0.822&0&0&-1&1.822\end{bmatrix}\begin{bmatrix}h_1^{(1)}\\h_2^{(1)}\\h_3^{(1)}\\h_4^{(1)}\\h_1^{(2)}\\h_2^{(2)}\\h_3^{(2)}\\h_4^{(2)}\end{bmatrix}+$$

$$\frac{1}{1000}\begin{Bmatrix} Q_1^{(1)} \\ Q_2^{(1)} \\ Q_3^{(1)} \\ Q_4^{(1)} \\ Q_1^{(2)} \\ Q_2^{(2)} \\ Q_3^{(2)} \\ Q_4^{(2)} \end{Bmatrix}=\begin{Bmatrix} 113.93 \\ 34.92 \\ 35.58 \\ 35.91 \\ 80.4 \\ 0.4 \\ 0.4 \\ 0.4 \end{Bmatrix} \tag{2.39}$$

观察式（2.39）可发现，系数矩阵每行零元素很多，特别是节点方程越多，这种现象越突出。这正是地下水数值约束方程系数矩阵的一般特点。一般来说，无论是采用有限差或有限元方法建立的数值方程，一般都是高阶、稀疏、对角优势（一般是绝对对角优势）矩阵。且节点单元适当编号时，非零元素会尽可能靠近对角线所在的一个比较窄的带状范围内，该范围之外，都是零元素。如果不考虑水量变量的话，对有限差分法来说，每行的非零元素（水位或降深变量）最多是5个［式（2.39）中前一个系数矩阵］。对有限元来说，每行的非零元素（水位或降深变量）数一般在个位数以内（10以内）。其中的原因大家可以对节点方程的建立过程稍作研究，就会明白的。

将式（2.39）嵌入式（2.33）中，构成新的约束，Excel求解结果见表2.10。

表2.10　［例2.21］Excel规划求解结果

管理时段	1				2			
单元号	1	2	3	4	1	2	3	4
抽水量/(m^3/d)	5000	0	0	0	3999	0	3501	0
水位/m	39.33	41.38	42.53	43.05	39	40.33	40.40	41.81
目标函数 Z/m	158.76							

上面采用嵌入法建立地下水资源管理模型的方法比较直观，且同时可求解水位和流量两类变量。但对实际问题来说，嵌入的数值方程规模一般较大，规划模型嵌入数值方程后，规模急剧膨胀。但不嵌入又不满足地下水运动内在规律。有没有一种方法，不嵌入这一庞大的数值方程，还能保留地下水内在运动规律呢？这就是下面要介绍的响应矩阵法。

2.6.2　响应矩阵法（response matrix method）

仍以前面的例题为例，来对比介绍。

【例2.22】　二单元潜水含水层水量分配问题（嵌入法［例2.17］）。

例题描述见［例2.17］，采用嵌入法建立的LP模型为

$$\min Z=c_1Q_1+c_2Q_2 \tag{2.40}$$

$$\left.\begin{aligned}&h_1\geqslant h_{1\min}\\&h_2\geqslant h_{2\min}\\&Q_1+Q_2\geqslant D\\&h_1、h_2、Q_1、Q_2\geqslant 0\end{aligned}\right\}\tag{2.41}$$

$$\left.\begin{aligned}3TBh_1/L-TBh_2/L+Q_1=NLB\\-TBh_1/L+TBh_2/L+Q_2=NLB\end{aligned}\right\}\tag{2.42}$$

（1）无抽水情况下，二单元含水层天然地下水水位。由式（2.42），代入 $Q_1=Q_2=0$、$L=10000\text{m}$、$B=10000\text{m}$、补给强度 $N=0.36\text{m/a}$、导水系数 $T=3.6\times10^6\text{m}^2/\text{a}$，将 h_1、h_2 用 h_{01} 和 h_{02} 代替，可以解出天然水位 h_{01} 和 h_{02}（水位值从河水位算起）：

$$h_{01}=NLB/T=10(\text{m})$$

$$h_{02}=2NLB/T=20(\text{m})$$

（2）抽水情况下，二单元含水层地下水水位。设抽水情况下，二单元含水层的水位降深为 s_1、s_2，则实际含水层地下水位 h_1、h_2 可以表示为

$$\left.\begin{aligned}h_1=h_{01}-s_1\\h_2=h_{02}-s_2\end{aligned}\right\}\tag{2.43}$$

（3）抽水响应矩阵确定。设 $\beta_{i,j}$ 表示 j 井以单位抽水量单独抽水在 i 点产生的降深，则按线性叠加原理，有

$$s_i=\sum_{j=1}^{m}\beta_{i,j}Q_j$$

式中 m——抽水井数。

利用上式对节点 i 展开，有

$$\left.\begin{aligned}s_1=\beta_{1,1}Q_1+\beta_{1,2}Q_2\\s_2=\beta_{2,1}Q_1+\beta_{2,2}Q_2\end{aligned}\right\}\tag{2.44}$$

将式（2.44）代入式（2.43）并考虑到水位约束限制条件，可有

$$\left.\begin{aligned}h_1=h_{01}-(\beta_{1,1}Q_1+\beta_{1,2}Q_2)\geqslant h_{1\min}\\h_2=h_{02}-(\beta_{2,1}Q_1+\beta_{2,2}Q_2)\geqslant h_{2\min}\end{aligned}\right\}\tag{2.45}$$

这样改造后的LP模型如下：

$$\begin{gathered}\min Z=c_1Q_1+c_2Q_2\\Q_1+Q_2\geqslant D\\h_{01}-(\beta_{1,1}Q_1+\beta_{1,2}Q_2)\geqslant h_{1\min}\\h_{02}-(\beta_{2,1}Q_1+\beta_{2,2}Q_2)\geqslant h_{2\min}\\Q_1、Q_2\geqslant 0\end{gathered}$$

这里的 $\beta_{i,j}$ 矩阵称为响应矩阵，下面来看如何确定 $\beta_{i,j}$ 矩阵中各元素值。

设单元1以单位抽水量抽水，单元2不抽水，注意到式（2.43）、式（2.44），这时式（2.45）有

$$\begin{gathered}3TB(h_{01}-\beta_{1,1})/L-TB(h_{02}-\beta_{2,1})/L+1=NLB\\-TB(h_{01}-\beta_{1,1})/L+TB(h_{02}-\beta_{2,1})/L=NLB\end{gathered}$$

代入 $h_{01}=NLB/T$、$h_{02}=2NLB/T$，可从该式中可以解出 $\beta_{1,1}$、$\beta_{2,1}$：

$$\beta_{1,1}=1/(2T),\beta_{2,1}=1/(2T)$$

类似，设单元 2 以单位抽水量抽水，单元 1 不抽水，可以得到

$$\beta_{1,2}=1/(2T),\beta_{2,2}=3/(2T)$$

这样响应矩阵为

$$\beta_{i,j}=\begin{bmatrix}\beta_{1,1} & \beta_{1,2}\\ \beta_{2,1} & \beta_{2,2}\end{bmatrix}=\begin{pmatrix}1/(2T) & 1/(2T)\\ 1/(2T) & 3/(2T)\end{pmatrix} \tag{2.46}$$

上式中的响应矩阵由于数值较小，实际确定响应矩阵时，可对单位抽水量取某一数值，这里取 $I=10^6\mathrm{m}^3/\mathrm{a}$。此时的响应矩阵为

$$\beta_{i,j}=\begin{pmatrix}I/(2T) & I/(2T)\\ I/(2T) & 3I/(2T)\end{pmatrix}=\begin{pmatrix}0.1389 & 0.1389\\ 0.1389 & 0.4167\end{pmatrix}$$

不过这么处理后，后面在形成式（2.47）时，别忘了式中 Q 值应该除以 I。

（4）应用响应矩阵对水位变量进行处理。响应矩阵代入水位或降深公式（2.45），有

$$\left.\begin{aligned}h_{01}-[Q_1/(2T)+Q_2/(2T)]\geqslant h_1\min\\ h_{02}-[Q_1/(2T)+3Q_2/(2T)]\geqslant h_2\min\end{aligned}\right\}$$

或者写成：

$$\left.\begin{aligned}Q_1/(2T)+Q_2/(2T)\leqslant h_{01}-h_1\min=10-2.5=7.5\\ Q_1/(2T)+3Q_2/(2T)\leqslant h_{02}-h_2\min=20-5=15\end{aligned}\right\}$$

进一步整理，有

$$\left.\begin{aligned}Q_1+Q_2\leqslant 5.4\times10^7\\ Q_1+3Q_2\leqslant 1.08\times10^8\end{aligned}\right\} \tag{2.47}$$

如果采用 $I=10^6\mathrm{m}^3/\mathrm{a}$ 后得到的响应矩阵，则上式应写成：

$$0.1389Q_1/I+0.1389Q_2/I\leqslant 7.5$$

$$0.1389Q_1/I+0.4167Q_2/I\leqslant 15$$

该式整理后与式（2.47）是一样的。式中的 0.1389 为 I 脉冲抽水量形成的降深，$0.1389/I$ 为单位脉冲抽水量形成的降深，$0.1389Q_1/I$ 为 Q_1 抽水量单独抽水在点 1 形成的降深。

这里也可看出，脉冲抽水量 I 的引入，对最终的方程没有任何实质影响，只是当时提出这一说法的人考虑到：这么处理下，响应矩阵的数值更像实际的抽水引起的降深值了（比如 0.1389m 是可以实际观测到的。不然 0.1389×10^{-6}m 降深就不好理解了，这么小的降深实际上根本就观测不到）。但脉冲抽水量 I 只是中间的一个替换概念，脉冲抽水量 I 的引入对最终方程的建立多少有些画蛇添足之举。

下面把通过响应矩阵处理后的规划模型与原嵌入法模型对照如下：

$$\min Z=c_1Q_1+c_2Q_2 \longleftarrow \min Z=c_1Q_1+c_2Q_2$$

$$\left.\begin{aligned}Q_1+Q_2\leqslant 5.4\times10^7\\ Q_1+3Q_2\leqslant 1.08\times10^8\end{aligned}\right\} \longleftarrow \left.\begin{aligned}h_1\geqslant 2.5\\ h_2\geqslant 5\end{aligned}\right\}$$

$$Q_1+Q_2\geqslant D \longleftarrow Q_1+Q_2\geqslant D$$

$$3TBh_1/L-TBh_2/L+Q_1=NLB$$

Q_1、$Q_2 \geqslant 0$　　　　　　$-TBh_1/L+TBh_2/L+Q_2=NLB$

h_1、h_2、Q_1、$Q_2 \geqslant 0$

从上面对照中可以看出，通过响应矩阵 $\beta_{i,j}$，将嵌入法中与水位变量有关的式子通过响应矩阵变换成了另外的形式，去掉了水位变量，去掉了数值方程。

本例题中，去掉的数值方程虽然只有 2 个，但对于实际问题，去掉的是整个嵌入的数值方程。

(5) 响应矩阵法模型求解。

【例 2.23】 用 Excel 求解结果见表 2.11。

表 2.11　　　　[例 2.23] Excel 规划求解结果

方案	c_1 /(元/m³)	c_2 /(元/m³)	h_1 /m	h_2 /m	Q_1 /(×10⁷m³/a)	Q_2 /(×10⁷m³/a)	Z /(×10⁶ 元/a)
1	0.2	0.1	3.75	5	1.35	3.15	5.85
2	0.1	0.2	3.75	13.75	4.5	0	4.5

表 2.11 中的水位 h_1、h_2 是利用式 (2.45) 回代求出的。以方案 1 为例：

$$
\begin{aligned}
h_1 &= h_{01}-(\beta_{1,1}Q_1+\beta_{1,2}Q_2) \\
&= 10-\left(\frac{Q_1}{2T}+\frac{Q_2}{2T}\right) \\
&= 10-(Q_1+Q_2)/2T \\
&= 10-(1.35\times10^7+3.15\times10^7)/(2\times3.6\times10^6) \\
&= 3.75(\text{m})
\end{aligned}
$$

$$
\begin{aligned}
h_2 &= h_{02}-(\beta_{2,1}Q_1+\beta_{2,2}Q_2) \\
&= 20-\left(\frac{Q_1}{2T}+\frac{3Q_2}{2T}\right) \\
&= 20-(Q_1+3Q_2)/2T \\
&= 20-(1.35\times10^7+3\times3.15\times10^7)/(2\times3.6\times10^6) \\
&= 5(\text{m})
\end{aligned}
$$

或者采用脉冲抽水量 I，回代计算为

$$
\begin{aligned}
h_1 &= h_{01}-(\beta_{1,1}Q_1/I+\beta_{1,2}Q_2/I) \\
&= 10-(0.1389\times1.35\times10^7/I+0.1389\times3.15\times10^7/I)=3.75(\text{m})
\end{aligned}
$$

$$
\begin{aligned}
h_2 &= h_{02}-(\beta_{2,1}Q_1/I+\beta_{2,2}Q_2/I) \\
&= 20-(0.1389\times1.35\times10^7/I+0.4167\times3.15\times10^7/I)=5(\text{m})
\end{aligned}
$$

通过上例，可归纳采用响应矩阵法建模的步骤为：

(1) 确定建模中需要的节点初始水位（一般需利用数值方程求解）。

(2) 利用数值方程，让每口抽水井单独抽水，分别求解响应矩阵各元素值。

(3) 利用响应矩阵，根据水位与降深间的关系，将原嵌入法中含水位的所有变量从模型中消除（包括约束条件和目标函数中的水位变量，不包括非负的水位约束项）。

(4) 求解不含水位（或降深）变量的 LP 模型。

（5）需要计算节点水位时，可根据水位与降深间关系，利用响应矩阵回代计算。

线性系统与叠加原理：

系统的作用是通过储存、传输、延时和平滑等作用，将系统的输入转换为输出。假设输入与输出均是时间 t 的函数，以 $x(t)$ 表示输入、$y(t)$ 表示输出，则系统作用可表示为

$$x(t) \rightarrow y(t)$$

或者

$$y(t)=h(t)x(t)$$

式中 $h(t)$ 或→代表系统的作用，它是反映系统特性的函数。地下水资源系统中的许多过程，如降水入渗、地下水位变化、抽水或回灌、地下水向地表水排泄等均是时间过程。

若系统输入 $x_1(t)$ 产生输出 $y_1(t)$，输入 $x_2(t)$ 产生输出 $y_2(t)$，而当输入为 $x_1(t)+x_2(t)$，输出为产生输出 $y_1(t)+y_2(t)$,即

当

$$x_1(t) \rightarrow y_1(t)$$

$$x_2(t) \rightarrow y_2(t)$$

有

$$[x_1(t)+x_2(t)] \rightarrow [y_1(t)+y_2(t)]=y(t)$$

则称这个系统可以应用叠加原理。线性系统必须满足叠加原理。但满足叠加原理的系统不一定是线性系统，它还需要满足倍比原理：如 $x(t) \rightarrow y(t)$,有 $nx(t) \rightarrow ny(t)$。

满足叠加原理和倍比原理的系统才是线性系统,也称为齐次线性系统。否则称为非齐次线性系统。对于非齐次线性系统,可以从中分解出一个线性系统,这就是通常将地下水系统中某些变量的关系处理为线性关系的依据。

如 $y(t)=a\,x(t)+b$ 中，$y(t)$ 与 $x(t)$ 显然可看成有线性关系，给出不同输入，有不同线性输出：

$$y_1(t)=ax_1(t)+b$$

$$y_2(t)=ax_2(t)+b$$

但当输入为 $[x_1(t)+x_2(t)]$ 时，输出为 $a[x_1(t)+x_2(t)]+b \neq y_1(t)+y_2(t)$，不满足叠加性。

叠加原理在地下水资源系统管理中有重大意义的原因在于，在求解若干项输入引起系统效应时，可以先单独分析各个输入产生的输出，然后将这些输出加以叠加以获得多项输入的总体效应。这就是响应矩阵法应用的理论基础。

【例 2.24】 二维稳定问题的响应矩阵法（嵌入法［例 2.18］）。

［例 2.18］采用响应矩阵法嵌入法给出的 LP 模型为：

目标函数： $\max Z=h_6+h_7+h_{10}+h_{11}+h_{14}+h_{15}+h_{18}+h_{19}$

$$Q_{10}+Q_{14}+Q_{15}+Q_{18}+Q_{19} \geqslant P$$

$$Q_6 \geqslant P$$

$$Q_7 \geqslant P$$

$$Q_{11} \geqslant P$$

$$
\begin{pmatrix}
4 & -1 & -1 & 0 & 0 & 0 & 0 & 0 \\
-1 & 4 & 0 & -1 & 0 & 0 & 0 & 0 \\
-1 & 0 & 4 & -1 & -1 & 0 & 0 & 0 \\
0 & -1 & -1 & 4 & 0 & -1 & 0 & 0 \\
0 & 0 & -1 & 0 & 4 & -1 & -1 & 0 \\
0 & 0 & 0 & -1 & -1 & 4 & 0 & -1 \\
0 & 0 & 0 & 0 & -1 & 0 & 4 & -1 \\
0 & 0 & 0 & 0 & 0 & -1 & -1 & 4
\end{pmatrix}
\begin{pmatrix} h_6 \\ h_7 \\ h_{10} \\ h_{11} \\ h_{14} \\ h_{15} \\ h_{18} \\ h_{19} \end{pmatrix}
+1000
\begin{pmatrix} Q_6 \\ Q_7 \\ Q_{10} \\ Q_{11} \\ Q_{14} \\ Q_{15} \\ Q_{18} \\ Q_{19} \end{pmatrix}
=
\begin{pmatrix} 40 \\ 40 \\ 20 \\ 20 \\ 20 \\ 20 \\ 40 \\ 40 \end{pmatrix}
$$

$$h_i \geqslant 0 \quad (i=6,7,10,11,14,15,18,19)$$

$$Q_j \geqslant 0 \quad (j=10,14,15,18,19)$$

按前述响应矩阵法建模的步骤来求解本题：

（1）确定建模中需要的节点初始水位。本题为承压含水层，抽水前初始水位水平，各节点均为 20m（高于隔水顶板），不用求解。

（2）利用数值方程，让每口抽水井单独抽水，分别求解响应矩阵各元素值。本题中，共有 6、7、10、11、14、15、18、19 计算节点，其中 6、7、10 按要求各布置 1 口抽水井，其余各点优化 1 口抽水井。这样，这 8 个点都是可能的抽水井，需要每口井单独计算。

设点 6 单独抽水，其余井不抽水，取脉冲抽水强度 $I=0.01\text{m/d}$，即 $Q_6=0.01\text{m/d}$，其余 $Q=0$，代入相关参数到上面数值方程中，用 Excel 求解结果如图 2.26 所示。

	A	B	C	D	E	F	G	H	I	J	K
1	Q6=0.01m/d，其余为0抽水稳定结果：										
2	降深s	2.9526	0.8655	0.9451	0.5095	0.3181	0.2274	0.1000	0.0818		
3		h_6	h_7	h_{10}	h_{11}	h_{14}	h_{15}	h_{18}	h_{19}	计算值	限制
4	结果	17.0474	19.1345	19.0549	19.4905	19.6819	19.7726	19.9000	19.9182		
5	约束1	4	-1	-1	0	0	0	0	0	**30**	30
6	约束2	-1	4	0	-1	0	0	0	0	**40**	40
7	约束3	-1	0	4	-1	-1	0	0	0	**20**	20
8	约束4	0	-1	-1	4	0	-1	0	0	**20**	20
9	约束5	0	0	-1	0	4	-1	-1	0	**20**	20
10	约束6	0	0	0	-1	-1	4	0	-1	**20**	20
11	约束7	0	0	0	0	-1	0	4	-1	**40**	40
12	约束8	0	0	0	0	0	-1	-1	4	**40**	40

图 2.26　$Q_6=0.01\text{m/d}$，其余 $Q=0$ 时 Excel 规划求解结果

图 2.26 的表中，Excel 直接求解的是脉冲抽水下各点的水位值，初始水位（20m）与相应单元水位之差是剩余降深，即响应矩阵。按 $\beta_{i,j}$ 的定义，上边降深 s 行剩余降深对应的 $\beta_{i,j}$ 依序为 $\beta_{6,6}$、$\beta_{7,6}$、$\beta_{10,6}$、$\beta_{11,6}$、$\beta_{14,6}$、$\beta_{15,6}$、$\beta_{18,6}$、$\beta_{19,6}$，即单元 6 单位脉冲抽水时对点 6、7、10、11、14、15、18、19 的降深影响值。

类似，可以分别求出每口井脉冲抽水下的降深值，结果汇总到图 2.27 中。

按 $\beta_{i,j}$ 的定义，图 2.27 的表中元素行列转置后，就是我们要求的响应矩阵表（图 2.28）。

图 2.28 中，逐列求和列于最后一行，便于后面计算使用。

（3）利用响应矩阵，根据水位与降深间的关系，将原嵌入法中含水位的所有变量从模型中消除。从方程中可见，只有目标函数含有水位变量，需要利用响应矩阵及水位与降深

抽水井	降深							
	s_6	s_7	s_{10}	s_{11}	s_{14}	s_{15}	s_{18}	s_{19}
6	2.9526	0.8655	0.9451	0.5095	0.3181	0.2274	0.1000	0.0818
7	0.8655	2.9526	0.5095	0.9451	0.2274	0.3181	0.0818	0.1000
10	0.9451	0.5095	3.2707	1.0929	1.0450	0.5913	0.3181	0.2274
11	0.5095	0.9451	1.0929	3.2707	0.5913	1.0450	0.2274	0.3181
14	0.3181	0.2274	1.0450	0.5913	3.2707	1.0929	0.9451	0.5095
15	0.2274	0.3181	0.5913	1.0450	1.0929	3.2707	0.5095	0.9451
18	0.1000	0.0818	0.3181	0.2274	0.9451	0.5095	2.9526	0.8655
19	0.0818	0.1000	0.2274	0.3181	0.5095	0.9451	0.8655	2.9526

图 2.27　分别采用脉冲抽水后的降深 Excel 计算结果

响应矩阵 $\beta(i,j)$(上面结果转置，由于研究问题的对称，转置结果对称不变)								
i \ j	6	7	10	11	14	15	18	19
6	2.9526	0.8655	0.9451	0.5095	0.3181	0.2274	0.1000	0.0818
7	0.8655	2.9526	0.5095	0.9451	0.2274	0.3181	0.0818	0.1000
10	0.9451	0.5095	3.2707	1.0929	1.0450	0.5913	0.3181	0.2274
11	0.5095	0.9451	1.0929	3.2707	0.5913	1.0450	0.2274	0.3181
14	0.3181	0.2274	1.0450	0.5913	3.2707	1.0929	0.9451	0.5095
15	0.2274	0.3181	0.5913	1.0450	1.0929	3.2707	0.5095	0.9451
18	0.1000	0.0818	0.3181	0.2274	0.9451	0.5095	2.9526	0.8655
19	0.0818	0.1000	0.2274	0.3181	0.5095	0.9451	0.8655	2.9526
$\sum$	6.0000	6.0000	8.0000	8.0000	8.0000	8.0000	6.0000	6.0000

图 2.28　[例 2.24] 脉冲抽水形成的响应矩阵表

的关系，计算消除水位变量。

目标函数　　$\max Z=h_6+h_7+h_{10}+h_{11}+h_{14}+h_{15}+h_{18}+h_{19}$

可等价于　　$\min Z'=s_6+s_7+s_{10}+s_{11}+s_{14}+s_{15}+s_{18}+s_{19}$

即

$$\begin{aligned}\min Z'=&\sum_{j=6,7,10,11,14,15,18,19}\beta(6,j)Q_j/I+\sum_{j=6,7,10,11,14,15,18,19}\beta(7,j)Q_j/I+\\&\sum_{j=6,7,10,11,14,15,18,19}\beta(10,j)Q_j/I+\sum_{j=6,7,10,11,14,15,18,19}\beta(11,j)Q_j/I+\\&\sum_{j=6,7,10,11,14,15,18,19}\beta(14,j)Q_j/I+\sum_{j=6,7,10,11,14,15,18,19}\beta(15,j)Q_j/I+\\&\sum_{j=6,7,10,11,14,15,18,19}\beta(18,j)Q_j/I+\sum_{j=6,7,10,11,14,15,18,19}\beta(19,j)Q_j/I\end{aligned}$$

即
$$\min Z'=\sum_{i=6,7,10,11,14,15,18,19}\ \sum_{j=6,7,10,11,14,15,18,19}\beta(i,j)Q_j/I$$

可等价于
$$\min Z''=\sum_{i=6,7,10,11,14,15,18,19}\ \sum_{j=6,7,10,11,14,15,18,19}\beta(i,j)Q_j$$

展开上式，有

$$\begin{aligned}\min Z''=&[\beta(6,6)+\beta(7,6)+\beta(10,6)+\beta(11,6)+\beta(14,6)+\beta(15,6)+\beta(18,6)+\beta(19,6)]Q_6\\&+[\beta(6,7)+\beta(7,7)+\beta(10,7)+\beta(11,7)+\beta(14,7)+\beta(15,7)+\beta(18,7)+\beta(19,7)]Q_7\\&+[\beta(6,10)+\beta(7,10)+\beta(10,10)+\beta(11,10)+\beta(14,10)+\beta(15,10)+\beta(18,10)+\beta(19,10)]Q_{10}\\&+[\beta(6,11)+\beta(7,11)+\beta(10,11)+\beta(11,11)+\beta(14,11)+\beta(15,11)+\beta(18,11)+\beta(19,11)]Q_{11}\\&+[\beta(6,14)+\beta(7,14)+\beta(10,14)+\beta(11,14)+\beta(14,14)+\beta(15,14)+\beta(18,14)+\beta(19,14)]Q_{14}\\&+[\beta(6,15)+\beta(7,15)+\beta(10,15)+\beta(11,15)+\beta(14,15)+\beta(15,15)+\beta(18,15)+\beta(19,15)]Q_{15}\\&+[\beta(6,18)+\beta(7,18)+\beta(10,18)+\beta(11,18)+\beta(14,18)+\beta(15,18)+\beta(18,18)+\beta(19,18)]Q_{18}\end{aligned}$$

$$+[\beta(6,19)+\beta(7,19)+\beta(10,19)+\beta(11,19)+\beta(14,19)+\beta(15,19)+\beta(18,19)+\beta(19,19)]Q_{19}$$

注意到图 2.28 中表末行数据，有

$$\min Z''=6Q_6+6Q_7+8Q_{10}+8Q_{11}+8Q_{14}+8Q_{15}+6Q_{18}+6Q_{19}$$

加上前面的水量约束和非负约束：

$$Q_{10}+Q_{14}+Q_{15}+Q_{18}+Q_{19}\geqslant P$$
$$Q_6\geqslant P$$
$$Q_7\geqslant P$$
$$Q_{11}\geqslant P$$
$$Q_j\geqslant 0\quad (j=10,14,15,18,19)$$

（4）求解不含水位（或降深）变量的 LP 模型。取 $P=0.01\text{m/d}$，用 Excel 求解上面的规划模型，解如图 2.29 所示。

	Q_6	Q_7	Q_{10}	Q_{11}	Q_{14}	Q_{15}	Q_{18}	Q_{19}	计算值	条件限制
变量结果	0.01	0.01	0	0.01	0	0	0.01	0		
目标函数	6	6	8	8	8	8	6	6	0.26	
约束1	0	0	1	0	1	1	1	1	0.01	0.01
约束2	1	0	0	0	0	0	0	0	0.01	0.01
约束3	0	1	0	0	0	0	0	0	0.01	0.01
约束4	0	0	0	1	0	0	0	0	0.01	0.01

图 2.29　[例 2.24] Excel 规划求解结果（$P=0.01\text{m/d}$）

（5）需要计算节点水位时，可根据水位与降深间关系，利用响应矩阵回代计算。水位回代计算，如：

$$h_6=h_{06}-s_6=20-\sum_{j=6,7,10,11,14,15,18,19}\beta(6,j)Q_j/I$$
$$=20-[2.9526\times 0.01+0.8655\times 0.01+0.5095\times 0.01+0.1000\times 0.01]/0.01$$
$$=20-4.4277=15.57(\text{m})$$

回代计算结果与嵌入法［例 2.18］相同。

上面回代计算式中，如下加点说明，就会理解得更清晰了：

$$h_6=h_{06}-s_6=20-\sum_{j=6,7,10,11,14,15,18,19}\beta(6,j)Q_j/I$$
$$=20-[2.9526\times 0.01/0.01(\text{井 6 抽水在井 6 的产生的降深})$$
$$+0.8655\times 0.01/0.01(\text{井 7 抽水在井 6 产生的降深})$$
$$+0.5095\times 0.01/0.01(\text{井 11 抽水在井 6 产生的降深})$$
$$+0.1000\times 0.01/0.01(\text{井 18 抽水在井 6 产生的降深})]$$
$$=20-4.4277(\text{所有实际抽水井抽水在井 6 产生的降深})=15.57(\text{m})$$

顺便说明一点，Excel 计算中，可以在单元格格式中设置显示小数位数，结果显示较少的小数位数会看起来更清晰。而实际的精度不会因为显示位数的减少而降低。数据计算时，可以利用“=”方式引用单元格内的数据，这样不会因为舍入误差的影响，导致最后结果出现明显的比对误差。

【例 2.25】 潜水含水层三单元非稳定抽水最优分配（嵌入法［例 2.19］）。

对于非稳定问题，响应矩阵法计算仍然采用前面的 5 个步骤：

（1）确定建模中需要的节点初始水位。

$$h_1^{(0)}=40.6\text{m},h_2^{(0)}=41.4\text{m},h_3^{(0)}=41.8\text{m}$$

(2) 利用数值方程，让每口抽水井单独抽水，分别求解响应矩阵各元素值。非稳定情况下，第 i 节点 n 时段末的实际水位为

$$h_i^{(n)}=h_i^{(0)}-\sum_{j=1}^{m}\sum_{k=1}^{n}\beta(i,j,n-k+1)Q_j^{(k)}$$

式中 m——抽水井节点数；

n——时段数，取具体某一值（$1\leqslant n\leqslant$最大时段数）。

如果采用脉冲抽水得到的响应矩阵，流量部分应该除以脉冲流量 I，即

$$h_i^{(n)}=h_i^{(0)}-\sum_{j=1}^{m}\sum_{k=1}^{n}\beta(i,j,n-k+1)Q_j^{(k)}/I$$

上式可理解为稳定流情况下水位计算公式的进一步扩展。

单位脉冲响应矩阵可用图 2.30 来表示，图 2.30 是 j 点以单位抽水量从时段初开始连续抽水至 n 时段，在 i 点引起的水位降深及仅第 1 时段抽水，以后停抽在 i 产生的水位恢复曲线。

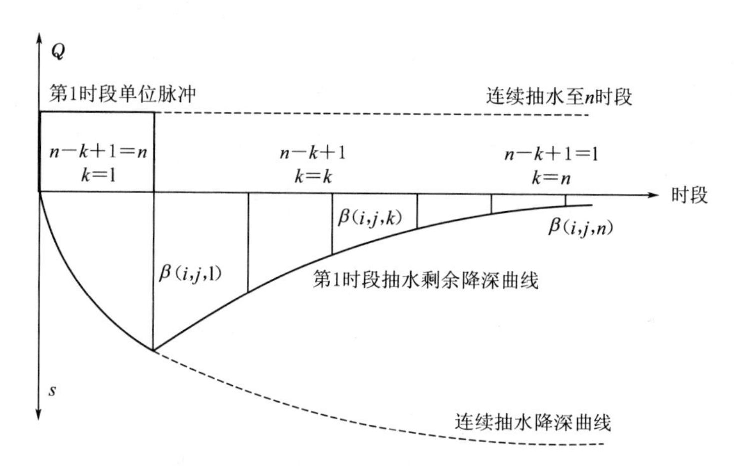

图 2.30 响应矩阵 $\beta(i,\ j,\ n-k+1)$ 示意图

从恢复曲线看，当 $k=1$ 时候，响应矩阵为 $\beta(i,\ j,\ n)$，表示第 1 时段 j 点单位抽水量抽水在相隔 n 时段对 i 点所产生的降深。而当 $k=n$ 时候，响应矩阵为 $\beta(i,\ j,\ 1)$，表示第 n 时段 j 点单位抽水量抽水，在第 n 时段末对 i 点所产生的降深。由此可见，k 越小，说明观测时间间隔越长，单位脉冲引起的剩余降深越小。k 越大，时间间隔越短，单位脉冲引起的剩余降深越大。因此，响应矩阵 $\beta(i,\ j,\ n-k+1)$ 表示 j 点第 k 时段以单位抽水量抽水，在相隔 $(n-k+1)$ 时段对 i 点产生的水位降深。从图 2.30 中可以看出，$\beta(i,\ j,\ n-k+1)$ 含义是剩余降深。特别应该注意的是：第 k 时段抽水与间隔 $(n-k+1)$ 时段后的降深的对应关系（图 2.30 $k=1$ 与 $n-k+1=n$、$k=n$ 与 $n-k+1=1$ 等的对应关系）。

图 2.30 中，假设非稳定过程分 3 个时段，则图中有 3 个 β 值。最大降深 β 值代表第 1 时段抽水，第 1 时段末的降深，也代表第 2 时段抽水，第 2 时段末的降深，还代表第 3 时段抽水，第 3 时段末的降深；图中停抽后的第二个降深 β 值，代表第 1 时段抽水，第 2 时段末的降深，也代表第 2 时段抽水，第 3 时段末的降深；最后一个最小降深 β 值，代表第

1 时段抽水，第 3 时段末的降深。

数值方程式（2.22）为

$$\begin{Bmatrix} 3.822 & -1 & 0 & 0 & 0 & 0 \\ -1 & 2.822 & -1 & 0 & 0 & 0 \\ 0 & -1 & 1.822 & 0 & 0 & 0 \\ -0.822 & 0 & 0 & 3.822 & -1 & 0 \\ 0 & -0.822 & 0 & -1 & 2.822 & -1 \\ 0 & 0 & -0.822 & 0 & -1 & 1.822 \end{Bmatrix} \begin{Bmatrix} h_1^{(1)} \\ h_2^{(1)} \\ h_3^{(1)} \\ h_1^{(2)} \\ h_2^{(2)} \\ h_3^{(2)} \end{Bmatrix} + \frac{1}{1000} \begin{Bmatrix} Q_1^{(1)} \\ Q_2^{(1)} \\ Q_3^{(1)} \\ Q_1^{(2)} \\ Q_2^{(2)} \\ Q_3^{(2)} \end{Bmatrix} = \begin{Bmatrix} 113.77 \\ 34.43 \\ 34.76 \\ 80.4 \\ 0.4 \\ 0.4 \end{Bmatrix}$$

上式中，单元 1 $Q_1^{(1)}$ 取 $I=1000\text{m}^3/\text{d}$ 为脉冲抽水量，其余 Q 取零值，可以求出相应时段末各单元的水位 h，然后利用 $s=h_0-h$ 求出的 s 就是相应单元抽水时的响应矩阵元素，Excel 结果如图 2.31 所示。

	$h_1^{(1)}$	$h_2^{(1)}$	$h_3^{(1)}$	$h_1^{(2)}$	$h_2^{(2)}$	$h_3^{(2)}$	计算值	限制
变量结果	40.3033	41.2692	41.7284	40.5097	41.2988	41.7122		
约束4	**3.822**	-1	0	0	0	0	112.77	112.8
约束5	-1	**2.822**	-1	0	0	0	34.43	34.43
约束6	0	-1	1.822	0	0	0	34.76	34.76
约束7	**-0.822**	**0**	**0**	**3.822**	**-1**	**0**	80.4	80.4
约束8	**0**	**-0.822**	**0**	**-1**	**2.822**	**-1**	0.4	0.4
约束9	**0**	**0**	**-0.822**	**0**	**-1**	**1.822**	0.4	0.4
初始水位	40.600	41.400	41.800	40.600	41.400	41.800		
剩余降深s	0.2967	0.1308	0.0716	0.0903	0.1012	0.0878		

图 2.31　单元 1 $Q_1^{(1)}$ 取 $I=1000\text{m}^3/\text{d}$ 时计算水位与降深值

图 2.31 中最后一行就是响应矩阵各元素值，只是对应 $\beta(i,j,n-k+1)$ 矩阵时，顺序要逆序进行调整。

类似取 $Q_2^{(1)}=1000\text{m}^3/\text{d}$，其余 Q 取零值，可以得到图 2.31 最后一行 6 个计算数值。取 $Q_3^{(1)}=1000\text{m}^3/\text{d}$，其余 Q 取零值，还可以得到图 2.31 最后一行 6 个计算数值。这 3 行与 $\beta(i,j,n-k+1)$ 矩阵对应关系见表 2.12。

表 2.12　单位脉冲抽水剩余降深与响应矩阵对应表

初始水位	40.600	41.400	41.800	40.600	41.400	41.800
单元 1 单抽剩余降深 s	**0.2967**	**0.1308**	**0.0716**	0.0903	0.1012	0.0878
单元 2 单抽剩余降深 s	**0.1311**	**0.4978**	**0.2730**	0.1011	0.2787	0.2761
单元 3 单抽剩余降深 s	**0.0724**	**0.2736**	**0.6988**	0.0879	0.2763	0.4669
	$\beta(i,j,n-k+1)=\beta(i,j,3-k)$					$n=2$
i	1		2		3	
k	1	2	1	2	1	2
$n-k+1=3-k$	2	1	2	1	2	1
$j=1$	0.0903	**0.2967**	0.1012	**0.1308**	0.0878	**0.0716**
$j=2$	0.1011	**0.1311**	0.2787	**0.4978**	0.2761	**0.2730**
$j=3$	0.0879	**0.0724**	0.2763	**0.2736**	0.4669	**0.6988**

注意到上表中第2行，单元1第1时段抽水第2时段停抽时，单元3第2时段末水位还是继续下降的，这可能是如图2.32所示的情况。停抽后，井周水位回升快，远处水位继续向井流动，则表现出继续下降的情况。

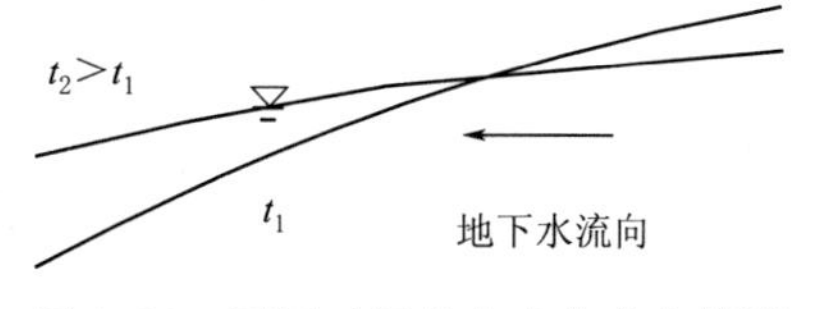

图2.32 不同时间抽水水位变化情况

（3）利用响应矩阵，根据水位与降深间的关系，将原嵌入法中含水位的所有变量从模型中消除。

［例2.19］中，去掉数值方程后的模型为

目标函数：
$$\max Z=\sum_{i=1}^{3}h_i^{(2)} \tag{2.48}$$

约束条件：
$$\left.\begin{aligned}&Q_1^{(1)}+Q_2^{(1)}+Q_3^{(1)}\geqslant P_1=5000\\&Q_1^{(2)}+Q_2^{(2)}+Q_3^{(2)}\geqslant P_2=7500\\&h_1^{(2)}\geqslant H_1=39\end{aligned}\right\} \tag{2.49}$$

$$Q_i^{(k)}\geqslant 0,h_i^{(k)}\geqslant 0\quad(i=1,2,3;k=1,2)$$

需要处理的是目标函数和 $h_1^{(2)}\geqslant 39$ 两个式子。

先处理目标函数：

$$\max Z=h_1^{(0)}+h_2^{(0)}+h_3^{(0)}-\sum_{i=1}^{3}\sum_{j=1}^{3}\sum_{k=1}^{2}\beta(i,j,3-k)Q_j^{(k)}/I$$

$$\max Z=123.8-\sum_{i=1}^{3}\sum_{j=1}^{3}\sum_{k=1}^{2}\beta(i,j,3-k)Q_j^{(k)}/I$$

式中 I——单位脉冲。

可改写为
$$\min Z'=\sum_{i=1}^{3}\sum_{j=1}^{3}\sum_{k=1}^{2}\beta(i,j,3-k)Q_j^{(k)}/I$$

或者
$$\min Z''=\sum_{i=1}^{3}\sum_{j=1}^{3}\sum_{k=1}^{2}\beta(i,j,3-k)Q_j^{(k)}$$

上式可以展开，有

$$\begin{aligned}\min Z''=&\beta(1,1,2)Q_1^{(1)}+\beta(1,1,1)Q_1^{(2)}+\\&\beta(1,2,2)Q_2^{(1)}+\beta(1,2,1)Q_2^{(2)}+\\&\beta(1,3,2)Q_3^{(1)}+\beta(1,3,1)Q_3^{(2)}+\\&\beta(2,1,2)Q_1^{(1)}+\beta(2,1,1)Q_1^{(2)}+\\&\beta(2,2,2)Q_2^{(1)}+\beta(2,2,1)Q_2^{(2)}+\\&\beta(2,3,2)Q_3^{(1)}+\beta(2,3,1)Q_3^{(2)}+\\&\beta(3,1,2)Q_1^{(1)}+\beta(3,1,1)Q_1^{(2)}+\\&\beta(3,2,2)Q_2^{(1)}+\beta(3,2,1)Q_2^{(2)}+\\&\beta(3,3,2)Q_3^{(1)}+\beta(3,3,1)Q_3^{(2)}+\end{aligned}$$

$$
\begin{aligned}
\min Z''=&[\beta(1,1,2)+\beta(2,1,2)+\beta(3,1,2)]Q_1^{(1)}+\\
&[\beta(1,2,2)+\beta(2,2,2)+\beta(3,2,2)]Q_2^{(1)}+\\
&[\beta(1,3,2)+\beta(2,3,2)+\beta(3,3,2)]Q_3^{(1)}+\\
&[\beta(1,1,1)+\beta(2,1,1)+\beta(3,1,1)]Q_1^{(2)}+\\
&[\beta(1,2,1)+\beta(2,2,1)+\beta(3,2,1)]Q_2^{(2)}+\\
&[\beta(1,3,1)+\beta(2,3,1)+\beta(3,3,1)]Q_3^{(2)}
\end{aligned}
$$

不考虑脉冲抽水量问题（考虑时还需除以脉冲值），展开上式并注解说明如下：

$\min Z''=[0.0903Q_1^{(1)}+0.1012Q_1^{(1)}+0.0878Q_1^{(1)}]$

（点 1 第 1 时段抽在第 2 时段末点 1 降深，点 1 第 1 时段抽在第 2 时段末点 2 的降深，点 1 第 1 时段抽在第 2 时段末点 3 的降深）

$+[0.1011Q_2^{(1)}+0.2787Q_2^{(1)}+0.2761Q_2^{(1)}]$

（点 2 第 1 时段抽在第 2 时段末的点 1 降深，点 2 第 1 时段抽在第 2 时段末点 2 的降深，点 2 第 1 时段抽在第 2 时段末点 3 的降深）

$+[0.0879Q_3^{(1)}+0.2763Q_3^{(1)}+0.4669Q_3^{(1)}]$

（点 3 第 1 时段抽在第 2 时段末的点 1 降深，点 3 第 1 时段抽在第 2 时段末点 2 的降深，点 3 第 1 时段抽在第 2 时段末点 3 的降深）

$+[0.2967Q_1^{(2)}+0.1308Q_1^{(2)}+0.0716Q_1^{(2)}]$

（点 1 第 2 时段抽在第 2 时段末的点 1 降深，点 1 第 2 时段抽在第 2 时段末点 2 的降深，点 1 第 2 时段抽在第 2 时段末点 3 的降深）

$+[0.1311Q_2^{(2)}+0.4978Q_2^{(2)}+0.2730Q_2^{(2)}]$

（点 2 第 2 时段抽在第 2 时段末的点 1 降深，点 2 第 2 时段抽在第 2 时段末点 2 的降深，点 2 第 2 时段抽在第 2 时段末点 3 的降深）

$+[0.0724Q_3^{(2)}+0.2736Q_3^{(2)}+0.6988Q_3^{(2)}]$

（点 3 第 2 时段抽在第 2 时段末的点 1 降深，点 3 第 2 时段抽在第 2 时段末点 2 的降深，点 3 第 2 时段抽在第 2 时段末点 3 的降深）

以点 1 为例，降深叠加是由以下部分组成的：

$0.0903Q_1^{(1)}$，点 1 第 1 时段抽在第 2 时段末的点 1 降深

$0.1011Q_2^{(1)}$，点 2 第 1 时段抽在第 2 时段末的点 1 降深

$0.0879Q_3^{(1)}$，点 3 第 1 时段抽在第 2 时段末的点 1 降深

$0.2967Q_1^{(2)}$，点 1 第 2 时段抽在第 2 时段末的点 1 降深

$0.1311Q_2^{(2)}$，点 2 第 2 时段抽在第 2 时段末的点 1 降深

$0.0724Q_3^{(2)}$，点 3 第 2 时段抽在第 2 时段末的点 1 降深

$$\min Z''=0.2793Q_1^{(1)}+0.6559Q_2^{(1)}+0.8310Q_3^{(1)}+0.4990Q_1^{(2)}+0.9020Q_2^{(2)}+1.0447Q_3^{(2)}$$

同理，对 $h_1^{(2)}\geqslant 39$，也可以类似处理，即

$$h_1^{(0)}-\sum_{j=1}^{3}\sum_{k=1}^{2}\beta(1,j,3-k)Q_j^{(k)}/I\geqslant 39$$

或 $$\sum_{j=1}^{3}\sum_{k=1}^{2}\beta(1,j,3-k)Q_j^{(k)} \leqslant (h_1^{(0)}-39)I=(40.6-39)\times 1000=1600$$

即

$$\beta(1,1,2)Q_1^{(1)}+\beta(1,1,1)Q_1^{(2)}+\beta(1,2,2)Q_2^{(1)}+\beta(1,2,1)Q_2^{(2)}+\beta(1,3,2)Q_3^{(1)}+\beta(1,3,1)Q_3^{(2)}\leqslant 1600$$

$$0.0903Q_1^{(1)}+0.1011Q_2^{(1)}+0.0879Q_3^{(1)}+0.2967Q_1^{(2)}+0.1311Q_2^{(2)}+0.0724Q_3^{(2)}\leqslant 1600$$

最后处理后的方程整理为

$$\min Z''=0.2793Q_1^{(1)}+0.6559Q_2^{(1)}+0.8310Q_3^{(1)}+0.4990Q_1^{(2)}+0.9020Q_2^{(2)}+1.0447Q_3^{(2)}$$

$$Q_1^{(1)}+Q_2^{(1)}+Q_3^{(1)}\geqslant P_1=5000$$

$$Q_1^{(2)}+Q_2^{(2)}+Q_3^{(2)}\geqslant P_2=7500$$

$$0.0903Q_1^{(1)}+0.1011Q_2^{(1)}+0.0879Q_3^{(1)}+0.2967Q_1^{(2)}+0.1311Q_2^{(2)}+0.0724Q_3^{(2)}\leqslant 1600$$

$$Q_i^{(k)}\geqslant 0$$

$$i=1,2,3;k=1,2$$

（4）求解不含水位（或降深）变量的LP模型。用Excel规划求解，结果如图2.33所示。

	$Q_1^{(1)}$	$Q_2^{(1)}$	$Q_3^{(1)}$	$Q_1^{(2)}$	$Q_2^{(2)}$	$Q_3^{(2)}$	计算值	条件限制
变量结果	5000.00	0.00	0.00	2699.44	0.00	4800.56		
目标函数	0.2793	0.6559	0.8310	0.4990	0.9020	1.0447	7759.155	
约束1	1	1	1	0	0	0	5000	5000
约束2	0	0	0	1	1	1	7500	7500
约束3	0.0903	0.1011	0.0879	0.2967	0.1311	0.0724	1600	1600

图2.33 ［例2.25］Excel规划求解结果

（5）需要计算节点水位时，可根据水位与降深间关系，利用响应矩阵回代计算。水位也可以回代验算，如$h_1^{(2)}$：

$$h_1^{(2)}=h_1^{(0)}-\sum_{j=1}^{3}\sum_{k=1}^{2}\beta(1,j,3-k)Q_j^{(k)}/I$$
$$=40.6-[\beta(1,1,2)Q_1^{(1)}+\beta(1,1,1)Q_1^{(2)}+\beta(1,2,2)Q_2^{(1)}+\beta(1,2,1)Q_2^{(2)}+\beta(1,3,2)Q_3^{(1)}+\beta(1,3,1)Q_3^{(2)}]/1000$$
$$=40.6-[0.0903Q_1^{(1)}+0.1011Q_2^{(1)}+0.0879Q_3^{(1)}+0.2967Q_1^{(2)}+0.1311Q_2^{(2)}+0.0724Q_3^{(2)}]/1000$$
$$=40.6-1600/1000=39(\text{m})$$

如要计算$h_1^{(1)}$，此时仍然采用水位计算公式，只是n取值为1，计算如下：

$$h_1^{(1)}=h_1^{(0)}-\sum_{j=1}^{3}\beta(1,j,1)Q_j^{(1)}/I$$
$$=40.6-[(\beta(1,1,1)Q_1^{(1)}+\beta(1,2,1)Q_2^{(1)}+\beta(1,3,1)Q_3^{(1)}]/I$$
$$=40.6-[0.2967Q_1^{(1)}+0.1311Q_2^{(1)}+0.0724Q_3^{(1)}]/1000$$
$$=39.12(\text{m})$$

【例2.26】 潜水含水层二单元三时段非稳定抽水最优分配（同前嵌入法［例2.20］）。

（1）确定建模中需要的节点初始水位。见前，此略。

$$h_1^{(0)}=40.4\text{m},h_2^{(0)}=40.8\text{m}$$

（2）利用数值方程，让每口抽水井单独抽水，分别求解响应矩阵各元素值。

上述问题的数学模型为（［例 2.20］）

$$\begin{Bmatrix} 3.82192 & -1 & 0 & 0 & 0 & 0 \\ -1 & 1.82192 & 0 & 0 & 0 & 0 \\ -0.82192 & 0 & 3.82192 & -1 & 0 & 0 \\ 0 & -0.82192 & -1 & 1.82192 & 0 & 0 \\ 0 & 0 & -0.82192 & 0 & 3.82192 & -1 \\ 0 & 0 & 0 & -0.82192 & -1 & 1.82192 \end{Bmatrix} \begin{Bmatrix} h_1^{(1)} \\ h_2^{(1)} \\ h_1^{(2)} \\ h_2^{(2)} \\ h_1^{(3)} \\ h_2^{(3)} \end{Bmatrix}$$

$$+\frac{1}{1000}\begin{Bmatrix} Q_1^{(1)} \\ Q_2^{(1)} \\ Q_1^{(2)} \\ Q_2^{(2)} \\ Q_1^{(3)} \\ Q_2^{(3)} \end{Bmatrix}=\begin{Bmatrix} 113.605 \\ 33.9342 \\ 80.40 \\ 0.4 \\ 80.4 \\ 0.4 \end{Bmatrix}$$

取 $Q_1^{(1)}=1000\text{m}^3/\text{d}$，其余 Q 为 0，代入上式解线性方程组，Excel 结果如图 2.34 所示。

	$h_1(1)$	$h_2(1)$	$h_1(2)$	$h_2(2)$	$h_1(3)$	$h_2(3)$	计算值	限制
变量结果	**40.09**	40.63	**40.30**	40.67	**40.36**	40.72		
约束1	**3.82**	(1.00)	0.00	0.00	0.00	0.00	112.61	112.61
约束2	(1.00)	**1.82**	0.00	0.00	0.00	0.00	33.93	33.93
约束3	(0.82)	**0.00**	**3.82**	(1.00)	0.00	0.00	80.40	80.40
约束4	**0.00**	(0.82)	(1.00)	**1.82**	**0.00**	**0.00**	0.40	0.40
约束5	**0.00**	**0.00**	(0.82)	**0.00**	**3.82**	**(1.00)**	80.40	80.40
约束6	**0.00**	**0.00**	**0.00**	(0.82)	(1.00)	**1.82**	0.40	0.40
初始水位	40.400	40.800	40.400	40.800	40.400	40.800		
剩余降深s	0.3055	0.1677	0.0998	0.1305	0.0431	0.0825		

图 2.34　单元 1 $Q_1^{(1)}=1000\text{m}^3/\text{d}$ 时计算水位与降深值

类似可取 $Q_2^{(1)}=1000\text{m}^3/\text{d}$ 作为单位脉冲，其余 Q 为 0，求出另一组剩余降深值。最后将两组剩余降深值按逆序顺序放入响应矩阵表中（表 2.13）。

表 2.13　单位脉冲抽水剩余降深与响应矩阵对应表

初始水位	40.40	40.80	40.40	40.80	40.40	40.80
单元 1 单抽剩余降深 s	0.3055	0.1677	0.0998	0.1305	0.0431	0.0825
单元 2 单抽剩余降深 s	0.1677	0.6409	0.1305	0.3607	0.0825	0.2080
$\beta(i,j,n-k+1)=\beta(i,j,4-k)$						$n=3$
i	1			2		
k	1		2		3	
$n-k+1=4-k$	3	2	1	3	2	1
$j=1$	0.0431	0.0998	0.3055	0.0825	0.1305	0.1677
$j=2$	0.0825	0.1305	0.1677	0.2080	0.3607	0.6409

（3）利用响应矩阵，根据水位与降深间的关系，将原嵌入法中含水位的所有变量从模型中消除。

目标函数：
$$\max Z=\sum_{i=1}^{2}h_i^{(3)} \text{ 和 } h_1^{(3)}\geqslant 39\text{m}$$

需要处理，目标函数式可以写为

$$\max Z=h_1^{(0)}+h_2^{(0)}-\sum_{i=1}^{2}\sum_{j=1}^{2}\sum_{k=1}^{3}\beta(i,j,4-k)Q_j^{(k)}/I$$

$$\max Z=81.2-\sum_{i=1}^{2}\sum_{j=1}^{2}\sum_{k=1}^{3}\beta(i,j,4-k)Q_j^{(k)}/I$$

式中 I——单位脉冲。

可改写为
$$\min Z'=\sum_{i=1}^{2}\sum_{j=1}^{2}\sum_{k=1}^{3}\beta(i,j,4-k)Q_j^{(k)}/I$$

或者
$$\min Z''=\sum_{i=1}^{2}\sum_{j=1}^{2}\sum_{k=1}^{3}\beta(i,j,4-k)Q_j^{(k)}$$

上式可以展开，有

$$\begin{aligned}\min Z''=&\beta(1,1,3)Q_1^{(1)}+\beta(1,1,2)Q_1^{(2)}+\beta(1,1,1)Q_1^{(3)}+\\&\beta(1,2,3)Q_2^{(1)}+\beta(1,2,2)Q_2^{(2)}+\beta(1,2,1)Q_2^{(3)}+\\&\beta(2,1,3)Q_1^{(1)}+\beta(2,1,2)Q_1^{(2)}+\beta(2,1,1)Q_1^{(3)}+\\&\beta(2,2,3)Q_2^{(1)}+\beta(2,2,2)Q_2^{(2)}+\beta(2,2,1)Q_2^{(3)}\end{aligned}$$

$$\begin{aligned}\min Z''=&[\beta(1,1,3)+\beta(2,1,3)]Q_1^{(1)}+[\beta(1,1,2)+\beta(2,1,2)]Q_1^{(2)}+\\&[\beta(1,1,1)+\beta(2,1,1)]Q_1^{(3)}+[\beta(1,2,3)+\beta(2,2,3)]Q_2^{(1)}+\\&[\beta(1,2,2)+\beta(2,2,2)]Q_2^{(2)}+[\beta(1,2,1)+\beta(2,2,1)]Q_2^{(3)}\end{aligned}$$

$$\begin{aligned}\min Z''=&(0.0431+0.0825)Q_1^{(1)}+(0.0825+0.2080)Q_2^{(1)}+\\&(0.0998+0.1305)Q_1^{(2)}+(0.1305+0.3607)Q_2^{(2)}+\\&(0.3055+0.1677)Q_1^{(3)}+(0.1677+0.6409)Q_2^{(3)}\end{aligned}$$

$$\min Z''=0.1255Q_1^{(1)}+0.2905Q_2^{(1)}+0.2303Q_1^{(2)}+0.4919Q_2^{(2)}+0.4732Q_1^{(3)}+0.8086Q_2^{(3)}$$

同理，对 $h_1^{(3)}\geqslant 39$，也可以类似处理，即

$$h_1^{(0)}-\sum_{j=1}^{2}\sum_{k=1}^{3}\beta(1,j,4-k)Q_j^{(k)}/I\geqslant 39$$

或
$$\sum_{j=1}^{2}\sum_{k=1}^{3}\beta(1,j,4-k)Q_j^{(k)}\leqslant[h_1^{(0)}-39]I=(40.4-39)\times 1000=1400$$

整理有

$$0.0431Q_1^{(1)}+0.0825Q_2^{(1)}+0.0998Q_1^{(2)}+0.1305Q_2^{(2)}+0.3055Q_1^{(3)}+0.1677Q_2^{(3)}\leqslant 1400$$

最后处理后的方程整理为

$$\min Z''=0.1255Q_1^{(1)}+0.2905Q_2^{(1)}+0.2303Q_1^{(2)}+0.4919Q_2^{(2)}+0.4732Q_1^{(3)}+0.8086Q_2^{(3)}$$

$$Q_1^{(1)}+Q_2^{(1)}\geqslant 2000$$

$$Q_1^{(2)}+Q_2^{(2)}\geqslant 3000$$

$$Q_1^{(3)}+Q_2^{(3)}\geqslant 5000$$

$$0.0431Q_1^{(1)}+0.0825Q_2^{(1)}+0.0998Q_1^{(2)}+0.1305Q_2^{(2)}+0.3055Q_1^{(3)}++0.1677Q_2^{(3)}\leqslant 1400$$

$$Q_i^{(k)}\geqslant 0$$

$$i=1,2,3;k=1,2$$

（4）求解不含水位（或降深）变量的 LP 模型。对上述模型，采用 Excel 规划求解，结果如图 2.35 所示。

	$Q_1(1)$	$Q_2(1)$	$Q_1(2)$	$Q_2(2)$	$Q_1(3)$	$Q_2(3)$	计算值	条件限制
变量结果	2000.00	0.00	3000.00	0.00	1276.22	3723.78		
目标函数	0.1255	0.2905	0.2303	0.4912	0.4732	0.8086	4556.962	
约束1	1	1	0	0	0	0	2000	2000
约束2	0	0	1	1	0	0	3000	3000
约束3	0	0	0	0	1	1	5000	5000
约束4	0.0431	0.0825	0.0998	0.1305	0.3055	0.1677	1400	1400

图 2.35 ［例 2.26］Excel 规划求解结果

（5）需要计算节点水位时，可根据水位与降深间关系，利用响应矩阵回代计算。如：

$$\begin{aligned}h_2^{(3)}&=h_2^{(0)}-\sum_{j}^{2}\sum_{k=1}^{3}\beta(2,j,4-k)Q_j^{(k)}/I\\&=40.8-[\beta(2,1,3)Q_1^{(1)}+\beta(2,1,2)Q_1^{(2)}+\beta(2,1,1)Q_1^{(3)}+\beta(2,2,3)Q_2^{(1)}+\\&\quad\beta(2,2,2)Q_2^{(2)}+\beta(2,2,1)Q_2^{(3)}]/1000\\&=40.8-(0.0825\times 2000+0.1305\times 3000+0.1677\times 1276.22+0.2080\times 0+\\&\quad 0.3607\times 0+0.6409\times 3723.78)/1000\\&=40.8-3.1568=37.64(\mathrm{m})\end{aligned}$$

$$\begin{aligned}h_2^{(2)}&=h_2^{(0)}-\sum_{j}^{2}\sum_{k=1}^{2}\beta(2,j,3-k)Q_j^{(k)}/I\\&=40.8-[\beta(2,1,2)Q_1^{(1)}+\beta(2,1,1)Q_1^{(2)}+\beta(2,2,2)Q_2^{(1)}+\beta(2,2,1)Q_2^{(2)}]/1000\\&=40.8-(0.1305\times 2000+0.1677\times 3000+0.3607\times 0+0.6409\times 0)/1000\\&=40.04(\mathrm{m})\end{aligned}$$

回代计算结果与［例 2.20］完全一致。

（6）响应矩阵下的目标函数值。

注意到响应矩阵使用的目标函数与嵌入法使用的目标函数的关系：

$$\max Z=40.4+40.8-\min Z''/I=81.2-4.556962=76.643$$

结果也完全相同。

2.6.3 响应矩阵法与嵌入法简单对比

响应矩阵的本质实际上反映了数值方程中水位与流量的内在关系，这是为什么去掉了数值方程，仍然能将数值约束的内容反映到模型中。

嵌入法直观，在求解节点和时段均较少的情况效率较高，故常用于节点少的稳定问题中。同时解可同时给出流量和水位等数据。

响应矩阵法可使约束条件规模大幅度降低，在求解区域多阶段问题具有明显的优越性。

练　习　题

2.1　将以下问题化为标准型：

（1）$\min Z=6x_1+3x_2+4x_3$

$x_1+3x_2-3x_3\geqslant 30$

$|x_1+2x_2+4x_3|\leqslant 80$

$x_1、x_2\geqslant 0$

（2）$\min Z=-x_1+2x_2+3x_3$

$2x_1+x_2+x_3\leqslant 9$

$3x_1+x_2+2x_3\geqslant 4$

$3x_1-2x_2-3x_3=-6$

$x_1、x_2\geqslant 0$

2.2　用单纯形表求解下列问题：

$$\max Z=70x_1+120x_2$$
$$9x_1+4x_2\leqslant 3600$$
$$4x_1+5x_2\leqslant 2000$$
$$3x_1+10x_2\leqslant 3000$$
$$x_1、x_2\geqslant 0$$

[最优解为 $X=(200,240)^T$，$\max Z=42800$]。

2.3　用Excel、LINGO和MATLAB求解［例2.2］、［例2.4］。

2.4　以［例2.18］为基础，参数等不变情况下，单元行（列）多剖分1～2行（列）(过多计算量大)，抽水井数与布置方案基本不变，然后建立方程优化求解，分析讨论结果。(提示：优化的抽水井除了上面分析的特点外，还会靠近补给边界附近，这样能多获得边界补给和产生小的降深)。

2.5　参照上面水位回代计算方法，计算 $P=0.01\text{m/d}$ 情况下，h_7、h_{18} 水位值，并对计算过程中各项参照例题加以说明。结果可与［例2.18］比较。

2.6　图2.36为一潜水含水层（每正方形单元长 L、宽 L，$L=1000\text{m}$），上侧以河流作定水头边界，年平均水位 $H_0=40\text{m}$，其他边界为隔水边界，年平均降水入渗强度 $N=0.4\text{mm/d}$，含水层平均导水系数 $T=1000\text{m}^2/\text{d}$，给水度 $\mu=0.3$。各单元均可抽水，目前该含水层尚未开发，现要求在满足今后第1年和第2年分别提供水量为 $P_1=5000\text{m}^3/\text{d}$ 和 $P_2=7500\text{m}^3/\text{d}$ 的条件下，如何合理开采地下水，使得第2年年末3个单元平均水位之和最大。同时要求在第2年年末单元2的平均水位不低于38.8m。

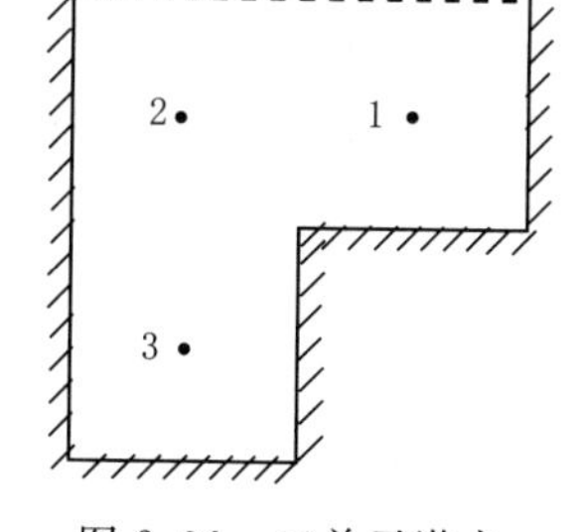

图2.36　三单元潜水含水层规划问题

（1）采用嵌入法和响应矩阵法求解。

（2）当单元3的给水度 $\mu=0.2$ 时，修改模型，求解，并对比讨论。

2.7　参照教材例题和习题，自行设计一个傍河水源地优化模型（稳定与非稳定、参数、边界条件、优化方案等），单元数控制在20个以内，求解前定性分析可能的优化开采情况，采用嵌入法和响应矩阵法建立模型，用Excel等求解，结果与定性分析对比讨论（如优化结果与定性分析是否一致，为什么井一般优先选择在河岸附近，能否计算开采水量中，河流侧渗补给量的比例等）。

第3章　地下水资源管理模型求解之二——动态规划

动态规划（dynamic programming）是20世纪50年代由英国数学家贝尔曼（R. Bellman）等人提出，用来研究多阶段决策过程问题的一种最优化方法。所谓多阶段决策过程，就是把研究问题分成若干个相互联系的阶段，每个阶段都做出决策，从而使整个过程达到最优化。

就狭义来说，动态系指时间过程，如地下水的水位、水量、水质随时间的变化等。故动态规划就是在时间过程中，依次采取一系列的决策，来解决整个过程的最优化问题。推而广之，对于时间过程不明显或没有时间过程的所谓静态问题，如水资源分配、投资分配、最优线路等，在一定条件下，只要依据时间特点，将过程分为若干阶段，在静态模型中，人为引进时间因素，当作多阶段决策过程来考虑，同样可用动态规划的原理来研究。

动态规划实质上是将一个较复杂的过程最优化决策问题，转化为多阶段的一系列简单静态问题来求解。这样，往往可使问题分析较为简单，并减少计算工作量。因此，动态规划的适应性很强，应用很广，除动态与静态问题外，对于线性与非线性，离散与连续，确定性与随机性等类问题，都可应用。所以，动态规划是继线性规划之后，解地下水资源管理模型的另一种有发展前途的方法。但是，由于动态规划没有统一标准的数学形式和计算程序，也没有像解线性规划问题的单纯形法那样的统一解法，同时，还可能存在着所谓"维数障碍"，即当问题中的阶段或变量太多时，有可能由于计算机存储容量或计算速度所限制而使问题较难求解［陈华友，2008；《运筹学》教材编写组（钱颂迪等），2013］。

本章仅初步介绍确定性动态规划几个简单应用，动态规划在水资源管理中的其他应用可参见尚松浩、门宝辉等教材（尚松浩，2006；门宝辉等，2018）。

3.1　动态规划的基本方法——多阶段决策过程

3.1.1　由算例看动态规划

下面先通过一个例题来引出动态规划问题。

【例3.1】　有一个地下水库A，需引水至B城，供水管路要经过E、F、G 3个地点，且每个地点又有2个可供选择的方案，管路可能经过的线路及各路段的输水费用如图3.1所示，试选择一条输水费用最小的线路。

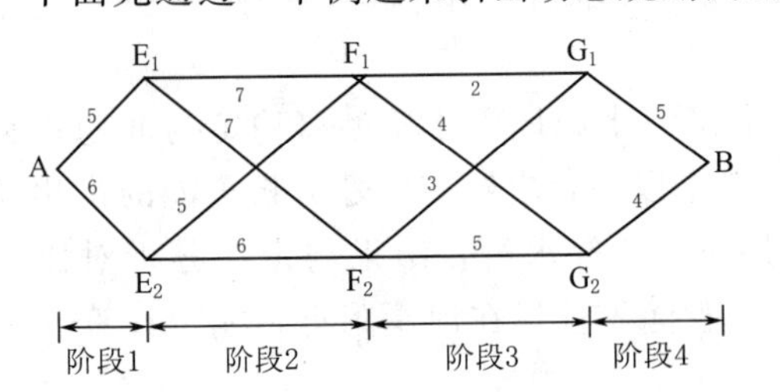

图3.1　由地下水库A到城市B可能的输水路线图

该问题共 8（$2^3=8$）个可选路线，采用枚举法可求解如图 3.2 所示。

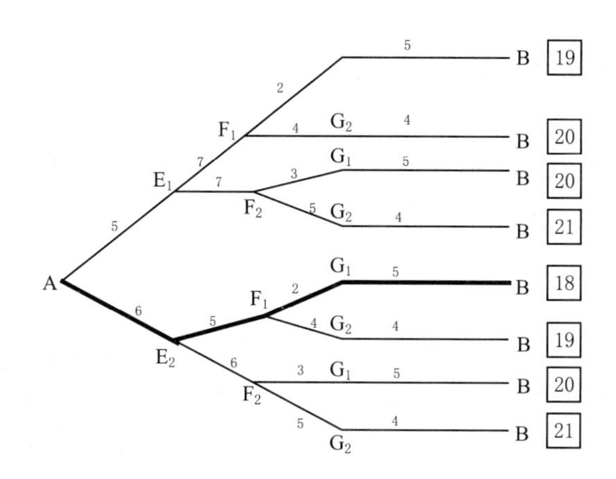

图 3.2　应用枚举法求解［例 3.1］

枚举法也叫穷举法，就是把所有的方法列举出来，逐一计算比较，然后选出最优的方案。对于简单问题，枚举法比较有效。对于复杂问题，列出所有的可能方案本身就不容易，即便所有的方案数量已知，列举的过程中难免会有没注意到的重复方案，这样就可能遗漏也可能是最优的方案。

有了动态规划方法后，求解类似上面的问题，就变得比较简单科学。图 3.3 是采用动态规划标号法［《运筹学》教材编写组（钱颂迪等），2013］逆序求解［例 3.1］的结果。

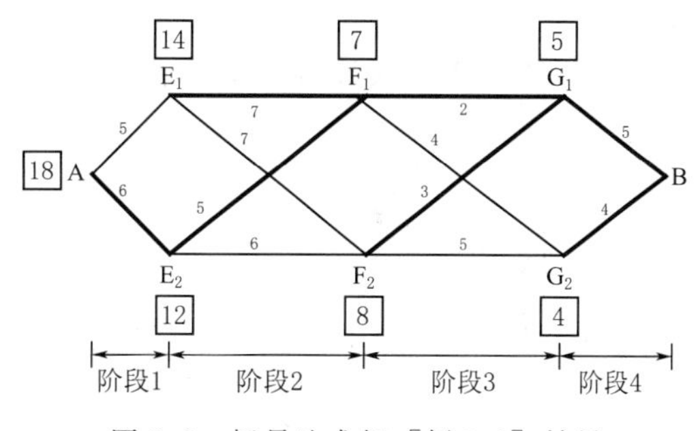

图 3.3　标号法求解［例 3.1］结果

标号法求解过程是逆序求解，从第四阶段逆向求解到第一阶段。

上图中，G_1 可以到达终点 B，且只有这一条路线，最优值为 5（G_1 到 B 的最小费用路线），将数值 5 标记在 G_1 点上（标号），数值 5 表示从 G_1 到 B 的最小路线费用。同时将 G_1 与 B 连线加粗或标红，加粗或标红的这段线就表示从 B 到 G_1 的局部最优路线。G_2 也类似求出并标记。

继续逆序求解，从 F_1 可以到 G_1（G_1 到 B 就不再考虑了），从 F_1 也可以到 G_2（G_2 到 B 也不用再考虑了），比较前面的局部解，显然 7 是最小值，将数值 7 标在 F_1 点上，同时局部路线 F_1 到 G_1 加粗或标红。数值 7 表示从 F_1 到 B 的局部最优值，能连到 B 加粗或标红的线就是 F_1 到 B 的局部最优路线。F_2 求解类似。

这样每一步求出的值就是从该点到末端的局部最优值，能连到末端的加粗或标红线就是局部最优路线。

按此方法求解到起点，最后的标号值 18 就是全局最优值，能连到末端加粗或标红的路线就是全局最优路线（$A-E_2-F_1-G_1-B$）。本题由于方向是自己规定的，可以逆向也可以正向求解。

标号法求解过程虽然简单，但求解过程体现的却是动态规划的基本方法——逆序逐步寻优。

3.1.2　动态规划的几个概念

1. 阶段（stage）

阶段（又称级或步）是指所研究的事物在其发展过程中所处的时段或地段。对离散系列，用序列编号 $i=1$，2，…，n 表示，i 称为阶段变量。可以是时间或空间。如例题中 $i=1$，2，3，4。

2. 状态（state）

在多阶段决策过程中，各阶段演变可能发生的情况，称为状态。描述状态的变量称为状态变量。可用 S_i 表示 i 阶段的状态集合，可用该阶段初始状态或末状态集合表示。如 i 阶段有 m 个状态变量，则集合为 $S_i=\{S_{i1}, S_{i2}, \cdots, S_{in}\}$。如例题中 $S_1=\{A\}$ 或 $S_2=\{E_1, E_2\}$，也可以写成 $S_0=\{A\}$ 或 $S_1=\{E_1, E_2\}$

3. 决策（decision）

决策是其阶段状态给定之后，从该状态演变到下一阶段某状态的一种选择。描写决策变化的量，称为决策变量，用 $d_i(S_i)$ 来表示。

如例题中，$d_1(A)=E_1$ 或者 $d_1(A)=E_2$。决策变量的取值称为允许决策集合或决策空间。如状态 A 的决策空间为 $d_1(A)=\{E_1、E_2\}$。

4. 策略（policy）

策略是指一个决策序列，分为：全过程策略——最优策略；子策略。

5. 状态转移方程、费用（效益）函数、目标函数

（1）状态转移方程。若过程第 i 阶段，其初始状态 S_i 通过决策 d_i 转变为该阶段的末状态 S_{i+1} 则可以写为

$$S_{i+1}=T(S_i, d_i)$$

它表示第 i 阶段到 $i+1$ 阶段的状态转移规律，称为状态转移方程。该方程把阶段变量 i、决策变量 d 和状态变量 S 三者联系起来。说明在确定性的决策过程中，下阶段的状态完全由当前阶段的状态和决策所决定，而与以前阶段的状态无关。

（2）费用（效益）函数。状态的转移就产生费用（效益）的改变，它们是同时发生的。设 r_i 表示 i 阶段的费用（效益），则 r_i 也是 S_i 和 d_i 的函数，可写为

$$r_i=r_i(S_i, d_i)$$

该式称为第 i 阶段的费用（效益）方程。

（3）目标函数。若从过程的第一阶段初始状态开始，经历全部阶段，可得到全过程的总费用 R（目标函数），即总费用只是各阶段费用 r_i 的总和，表示为

$$R=\sum_{i=1}^{n} r_i(S_i, d_i)$$

总费用 R 的最优值（极大或极小）为

$$R^*=\text{opt}\sum_{i=1}^{n} r_i(S_i, d_i)$$

通过以上讨论，可将多阶段决策过程归纳为如图3.4所示。

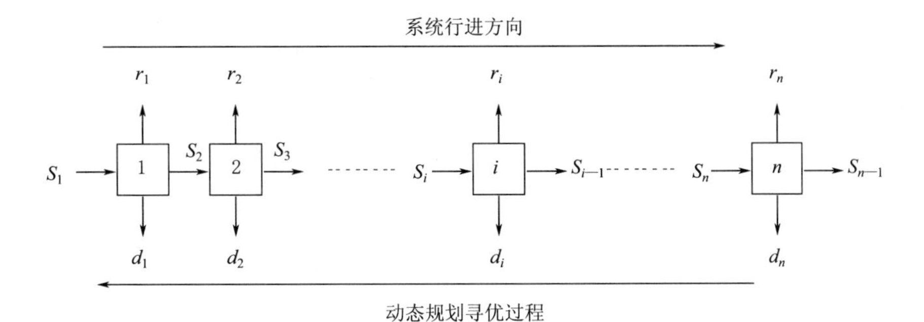

图3.4　多阶段决策过程示意图

上图可以看出，多阶段决策过程具有如下的特性：

（1）多阶段决策过程是一个由后向前逐步寻优的逆序寻优决策过程。

（2）前一阶段的末状态，即为下一阶段的初状态。而其演变取决于相应的决策变量的变化，即决策过程。

（3）过去的状态与将来的决策无关。

（4）一个n阶段的全过程决策序列是一个决策向量组（d_1，d_2，…，d_n），而每一个阶段又有若干方案。每个决策向量必有一个最优者，称为分段最优决策，而多阶段决策是指全过程的最优。

$$d_1=\begin{pmatrix} d_{1,1} \\ d_{1,2} \\ \cdots \\ d_{1,m} \end{pmatrix},\ d_2=\begin{pmatrix} d_{2,1} \\ d_{2,2} \\ \cdots \\ d_{2,p} \end{pmatrix},\ d_n=\begin{pmatrix} d_{n,1} \\ d_{n,2} \\ \cdots \\ d_{n,r} \end{pmatrix}$$

3.2　动态规划的基本原理和递推方程

1. 基本原理

贝尔曼等给出的动态规划最优化原理可以这样叙述：作为整个过程的最优策略具有这样的性质，即无论过去的状态和决策如何，对前面决策所形成的状态而言，余下的诸决策必须构成最优决策。简言之，一个最优策略的子策略总是最优的。

但是，随着人们对动态规划研究的深入，逐渐认识到：对于不同类型的问题所建立严格定义的动态规划模型，必须对相应的最优性原理给予必要验证。就是说，最优原理不是对任何决策过程都普遍成立的。而且最优性原理与动态规划的基本方程，并不是无条件等价的，二者之间也不存在确定的蕴含关系。可见动态规划的基本方程在动态规划的理论和方法中起着非常重要的作用。而反映动态规划基本方程的是最优性原理，它是策略最优性的充分必要条件，而最优原理仅仅是策略最优性的必要条件，它是最优性原理的推论。在求解最优策略时，更需要的是其充分条件。所以，动态规划的基本方程或者说最优性定理才是动态规划的理论基础［《运筹学》教材编写组（钱颂迪等），2014］。

2. 动态规划数学模型

状态转移方程：

$$S_{i+1}=T(S_i,d_i)\quad(i=1,2,\cdots,n)$$

目标函数：

$$R*=f*_1(S_1)=\text{opt}\sum_{i=1}^{n}r_i(S_i,d_i)$$

式中　opt——最大 max 或最小 min。

具体可写为

$$R*=\min\sum_{i=1}^{n}r_i(S_i,d_i)$$

或

$$R*=\max\sum_{i=1}^{n}r_i(S_i,d_i)$$

递推方程：

$$f*_i(S_i)=\min[r_i(S_i,d_i)+f*_{i+1}(S_{i+1})]\quad(i=n,n-1,\cdots,1)$$

或

$$f*_i(S_i)=\max[r_i(S_i,d_i)+f*_{i+1}(S_{i+1})]\quad(i=n,n-1,\cdots,1)$$

一般取 $f*_{n+1}(S_{n+1})=0$，称边界条件。

式中　$f*_i(S_i)$、$f*_{i+1}(S_{i+1})$——第 i 阶段状态为 S_i 及其第 $i+1$ 阶段状态为 S_{i+1} 时的最优目标函数值。

约束条件：

$$S_i\in S$$
$$d_i\in D$$

3. 动态规划计算步骤

(1) 将问题按时空特性划分为若干阶段。对无阶段性问题，可设法处理为几个阶段性问题（如［例 3.1］输水线路选择问题，后面例题的水量分配问题等）。

(2) 按标号法或采用递推方程逆序递推，直到初始状态 S_1。递推求解的同时，同时必须标记或记录局部最优决策，不然求解结束后，最优路线就找不到了。应该注意到，动态规划的求解结果可能存在多解情况。

【例 3.2】 用动态规划递推公式法求解［例 3.1］问题（图 3.1）。

将问题人为划分为 4 个阶段（图 3.1）计算：

$n=4$，第 4 阶段：

边界条件：　$f*_{n+1}(S_{n+1})=f*_5(S_5)=0$

按递推方程：　$f*_i(S_i)=\min[r_i(S_i,d_i)+f*_{i+1}(S_{i+1})]$

$$f*_4(S_4)=\min[r_4(S_4,d_4)+f*_5(S_5)]=\min[r_4(S_4,d_4)]$$

$f*_4(G_1)=\min[r_4(G_1,B)]=5$　局部最优决策 $d_4(G_1)=B$

$f*_4(G_2)=\min[r_4(G_2,B)]=4$　局部最优决策 $d_4(G_2)=B$

$n=3$，第 3 阶段：

$$f*_3(S_3)=\min[r_3(S_3,d_3)+f*_4(S_4)]$$

$$f_3^*(F_1)=\min\begin{Bmatrix} r_3(F_1,G_1)+f_4^*(G_1) \\ r_3(F_1,G_2)+f_4^*(G_2) \end{Bmatrix}=\min\begin{pmatrix} 2+5 \\ 4+4 \end{pmatrix}=7$$

$$f_3^*(F_2)=\min\begin{Bmatrix} r_3(F_2,G_1)+f_4^*(G_1) \\ r_3(F_2,G_2)+f_4^*(G_2) \end{Bmatrix}=\min\begin{pmatrix} 3+5 \\ 5+4 \end{pmatrix}=8$$

局部最优决策：$d_3(F_1)=G_1$，$d_3(F_2)=G_1$

$n=2$，第 2 阶段：

$$f_2^*(S_2)=\min[r_2(S_2,d_2)+f_3^*(S_3)]$$

$$f_2^*(E_1)=\min\begin{Bmatrix} r_2(E_1,F_1)+f_3^*(F_1) \\ r_2(E_1,F_2)+f_3^*(F_2) \end{Bmatrix}=\min\begin{pmatrix} 7+7 \\ 7+8 \end{pmatrix}=14$$

$$f_2^*(E_2)=\min\begin{Bmatrix} r_2(E_2,F_1)+f_3^*(F_1) \\ r_2(E_2,F_2)+f_3^*(F_2) \end{Bmatrix}=\min\begin{pmatrix} 5+7 \\ 6+8 \end{pmatrix}=12$$

局部最优决策：$d_2(E_1)=F_1$，$d_2(E_2)=F_1$

$n=1$，第 1 阶段：

$$f_1^*(S_1)=\min[r_1(S_1,d_1)+f_2^*(s_2)]$$

$$f_1^*(A)=\min\begin{Bmatrix} r_1(A,E_1)+f_2^*(E_1) \\ r_1(A,E_2)+f_2^*(E_2) \end{Bmatrix}=\min\begin{pmatrix} 5+14 \\ 6+12 \end{pmatrix}=18$$

局部最优决策：$d_1(A)=E_2$

即
$$R^*=f_1^*(A)=18$$

全局最优决策可从上面每步保存的局部最优决策中按正序顺序找出来：

$$d_1(A)=E_2$$

$$d_2(E_1)=F_1,\ d_2(E_2)=F_1$$

$$d_3(F_1)=G_1,\ d_3(F_2)=G_1$$

$$d_4(G_1)=B,\ d_4(G_2)=B$$

即
$$d_1(A)=E_2,\ d_2(E_2)=F_1,\ d_3(F_1)=G_1,\ d_4(G_1)=B$$

即
$$A-E_2-F_1-G_1-B$$

3.3　动态规划在水资源管理中的应用

动态规划在输水线路优选、水量最优分配，水资源配置，水资源调度和运行管理，节水灌溉优化等水资源管理很多方面得到了广泛的应用。下面选取几类简单例子介绍如下。

1. 输水线路选择

前面［例 3.1］就是输水线路选择问题。

2. 水资源量最优分配

有限的水资源，如何科学地分配给若干个部门，使其总效益最大？例如单位供水量所创造的产值最大，经济效益或社会效益最高或水资源的有效利用率最高等，都属于这类水资源的最优分配问题。

一般说，其一部分配到的水资源量多，其效益也大。两者之间的关系，可能是线性的，而多数是非线性的，可能是连续函数关系，或者是离散的数值对应关系。这类本来属于静态问题，引入“时间”因素后就可转化为动态规划问题。即把同时给几个部门最优配水问题，视为分阶段依次对这些部门进行最优供水，并分阶段做出决策，使各部门的总效益最大，然后按动态规划法求解。

【例 3.3】 有可供水量 $Q=8$（单位），考虑向 A、B 和 C 三个城市供水。已知三城市供水量的效益见表 3.1，问如何给三城市分配水量才能使总效益最大？（陈爱光等，1991）

表 3.1　　A、B、C 三城市供水效益表

单位供水量q / 效益$r(q)$	0	1	2	3	4	5	6	7	8
A 城 $r_1(q)$	0	6	12	35	75	85	91	96	100
B 城 $r_2(q)$	0	5	14	40	55	65	70	75	80
C 城 $r_3(q)$	0	7	30	42	50	60	70	72	75

从上面数据看，比如 A 城市有 1 和 2 个单位水量时，效益分别是 6 和 12，但 3 个单位水量时，效益则为 35（可能由于水量的增加，新上了效益好的企业，城市用水整体效益马上就提高了）。很明显，这个问题不属于线性规划问题。

解：该问题没有阶段性，可以人为设置为不同阶段问题。设给三城市供水分为 3 个阶段（$i=1, 2, 3$），第 1 阶段考虑同时给三市供水，第 2 阶段给 B 及 C 两市洪水，第 3 阶段只给 C 市供水（这么设主要考虑逆序求解方便）。

设决策变量 x_i 为第 i 阶段分配水量（逆序递推即为分配给第 i 城市水量：$i=3$，分配给 C 市水量；$i=2$，分配给 B 市水量；$i=1$，分配给 A 市水量），状态变量 q_i 为第 i 阶段可供水量，则有数学模型：

状态转移方程：
$$q_{i+1}=q_i-x_i$$

约束条件：
$$\sum_{i=1}^{n} x_i \leqslant Q \quad Q=8$$
$$0 \leqslant x_i \leqslant q_i$$
$$0 \leqslant q_i \leqslant Q (i=n, n-1, \cdots, 1)$$

目标函数：
$$\max \sum_{i=1}^{n} r_i(x_i)$$

递推方程：
$$f*_i(q_i)=\max\{r_i(x_i)+f*_{i+1}(q_{i+1})\}$$
$$i=n,\ n-1,\ \cdots,\ 1$$
$$f*_{n+1}(q_{n+1})=0$$

第一步：$i=3$，只考虑向 C 市供水。
$$f*_i(q_i)=\max\{r_i(x_i)+f*_{i+1}(q_i-x_i)\}$$

即
$$f*_3(q_3)=\max\{r_3(x_3)+f*_4(q_{i+1})\}=\max\{r_3(x_3)\}$$

可供水量 $0 \leqslant q_3 \leqslant 8$

可分配水量 $x_3=q_3$

计算结果可以直接从表 3.1 中查出，见表 3.2。

表 3.2　　　　单独向 C 市供水计算效益表

状　态　q_3	0	1	2	3	4	5	6	7	8
效益 $f*_3(q_3)$	0	7	30	42	50	60	70	72	75
决策 $x_3(q_3)$	0	1	2	3	4	5	6	7	8

第二步：$i=2$，考虑向 B、C 二市供水。

$$f*_i(q_i)=\max\{r_i(x_i)+f*_{i+1}(q_i-x_i)\}$$

$$f*_2(q_2)=\max\{r_2(x_2)+f*_3(q_3)\}$$

可供水量：$0\leqslant q_2\leqslant 8$

状态转移方程：$q_3=q_2-x_2$

$q_2=8$ 时，x_2 为分配给 B 市的水量，取值为 0～8 共 9 种状态，每种均需要做出决策。计算如下：

$$f*_2(8)=\max\{r_2(x_2)+f*_3(q_2-x_2)\}=\max\{r_2(x_2)+f*_3(8-x_2)\}$$

此时 x_2 可有 0～8 共 9 种取值状态，计算如下：

$$f*_2(8)=\max\begin{Bmatrix} r_2(0)+f*_3(8)=0+75=75 \\ r_2(1)+f*_3(7)=5+72=77 \\ r_2(2)+f*_3(6)=14+70=84 \\ r_2(3)+f*_3(5)=40+60=100 \\ r_2(4)+f*_3(4)=55+50=105 \\ r_2(5)+f*_3(3)=65+42=107 \\ r_2(6)+f*_3(2)=70+30=100 \\ r_2(7)+f*_3(1)=75+7=82 \\ r_2(8)+f*_3(0)=80+0=80 \end{Bmatrix}=107$$

$q_2=7$ 时，x_2 为分配给 B 的水量，取值为 0～7 共 8 种状态，每种均需要做出决策。计算如下：

$$f*_2(7)=\max\{r_2(x_2)+f*_3(q_2-x_2)\}=\max\{r_2(x_2)+f*_3(7-x_2)\}$$

此时 x_2 可有 0～7 共 8 种取值状态，计算如下：

$$f*_2(7)=\begin{Bmatrix} r_2(0)+f*_3(7)=0+72=72 \\ r_2(1)+f*_3(6)=5+70=75 \\ r_2(2)+f*_3(5)=14+60=74 \\ r_2(3)+f*_3(4)=40+50=90 \\ r_2(4)+f*_3(3)=55+42=97 \\ r_2(5)+f*_3(2)=65+30=95 \\ r_2(6)+f*_3(1)=70+7=77 \\ r_2(7)+f*_3(0)=75+0=75 \end{Bmatrix}=97$$

其他 $q_2=6$、$q_2=5$、$q_2=4$、$q_2=3$、$q_2=2$、$q_2=1$、$q_2=0$ 可以类似计算，结果见表3.3。

表3.3　同时向B、C二城市供水计算效益表

状态 q_2	0	1	2	3	4	5	6	7	8
效益 $f*_2(q_2)$	0	7	30	42	55	70	85	97	107
决策 $x_2(q_2)$	0	0	0	0	4	3	4	4	5

第三步：$i=1$，考虑向A、B、C三市同时供水。

$$f*_i(q_i)=\max\{r_i(x_i)+f*_{i+1}(q_i-x_i)\}$$

$$f*_1(q_1)=\max\{r_1(x_1)+f*_2(q_2)\}=\max\{r_1(x_1)+f*_2(q_1-x_1)\}$$

可供水量：$0\leqslant q_1\leqslant 8$

状态转移方程：$q_2=q_1-x_1$

$q_1=8$ 时，x_1 为分配给A市水量，取值为0～8共9种状态，每种均需要做出决策。计算如下：

$$f*_1(8)=\max\{r_1(x_1)+f*_2(q_1-x_1)\}=\max\{r_2(x_2)+f*_2(8-x_1)\}$$

此时 x_1 可有0～8共9种取值状态，计算如下：

$$f*_1(8)=\max\begin{Bmatrix} r_1(0)+f*_2(8)=0+107=107 \\ r_1(1)+f*_2(7)=6+97=103 \\ r_1(2)+f*_2(6)=12+85=97 \\ r_1(3)+f*_2(5)=35+70=105 \\ r_1(4)+f*_2(4)=75+55=130 \\ r_1(5)+f*_2(3)=85+42=127 \\ r_1(6)+f*_2(2)=91+30=121 \\ r_1(7)+f*_2(1)=96+7=103 \\ r_1(8)+f*_2(0)=100+0=100 \end{Bmatrix}=130$$

其他 $q_2=7$、$q_2=6$、$q_2=5$、$q_2=4$、$q_2=3$、$q_2=2$、$q_2=1$、$q_2=0$ 可以类似计算，结果见表3.4。

表3.4　同时向A、B、C三城市供水计算效益表

状态 q_1	0	1	2	3	4	5	6	7	8
效益 $f*_1(q_1)$	0	7	30	42	75	85	105	117	130
决策 $x_1(q_1)$	0	0	0	0	4	5	4	4	4

从表中可以看出，$f*_1(8)=130$ 就是水量分配最大效益，最优方案是分配给第1个城市（A）市最优水量 $x_1(8)=4$。余下的4个单位按表3.3分配，即分配给第2个城市（B）最优水量 $x_2(4)=4$，最后是 $x_3(0)=0$，即不分配给第3个城市（C）。汇总见表3.5。

表3.5　　**A、B、C 三城市最优水量分配表**

4.0=0　　8-4=4

状 态 q	0	1	2	3	4	5	6	7	8
效益 $f_3^*(q_3)$	0	7	30	42	50	60	70	72	75
决策 $x_3(q_3)$	0	1	2	3	4	5	6	7	8
效益 $f_2^*(q_2)$	0	7	30	42	55	70	85	97	107
决策 $x_2(q_2)$	0	0	0	0	4	3	4	4	5
效益 $f_1^*(q_1)$	0	7	30	42	75	85	105	117	130
决策 $x_1(q_1)$	0	0	0	0	4	5	4	4	4

当分配水量小于 8 个单位时，不用重新求解，可以直接从表中查询最优分配结果。比如，如果可分配水量为 7 个单位，最优解为最大效益是 117，$x_1(7)=4$，$x_2(3)=0$，$x_3(3)=3$（即 A 分配 4 个单位水量、B 不分配、C 分配 3 个单位水量）。即动态规划不仅仅可得到最优分配结果，还可以得到许多有益的中间信息。

【例 3.4】 用动态规划标号法求解［例 3.3］问题（鲍新华，1993）。

［例 3.3］水量分配问题，可以根据表 3-1 数据，设给三城市供水分为 3 个阶段（$i=1,2,3$），第 1 阶段考虑同时给 A、B、C 三市供水，第 2 阶段给 B 及 C 两市洪水，第 3 阶段只给 C 市供水。画出水量分配网络图（图 3.6），该图与输水线路选择图 3.1 类似。

由于图 3.6 中空间小，各状态效益（决策）$r_i(x_i)$ 未在图中标注，如第一阶段由状态 8 至状态 2 线上应该标出 91（6），表示给 A 市分配 6 个单位水量效益为 91，分配前状态为 8 个单位水量，分配后状态为 2 个单位水量。采用动态规划标号法求得最大效益为 130（图 3.5），此时各阶段始末状态为 8－4－0－0，即最优分配方案为 A 市分配 4 个单

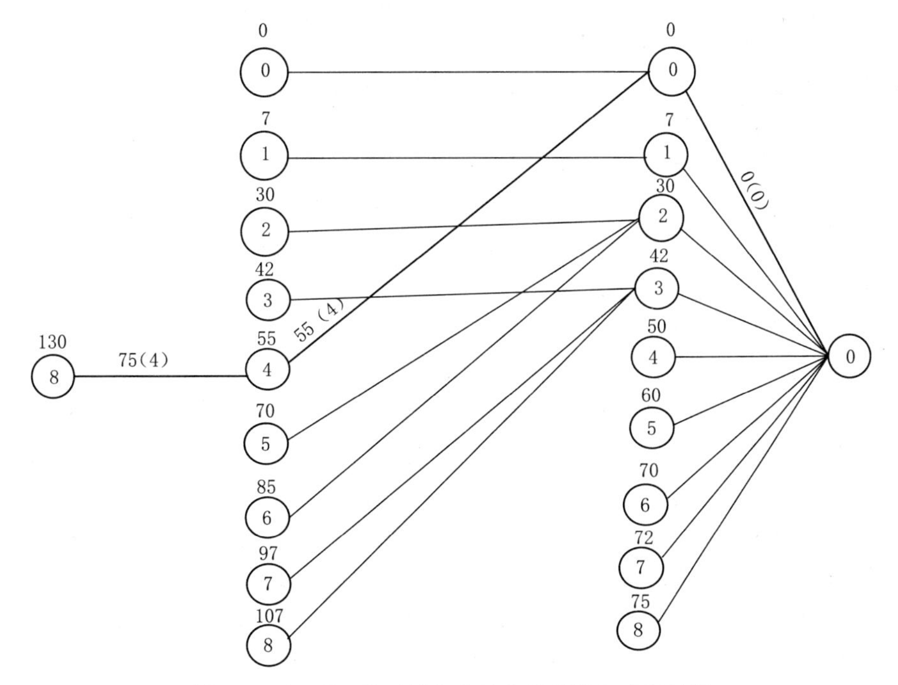

图 3.5　A、B、C 三城市水量分配标号法求解结果

位，B 市分配 4 个单位，C 市不分配。

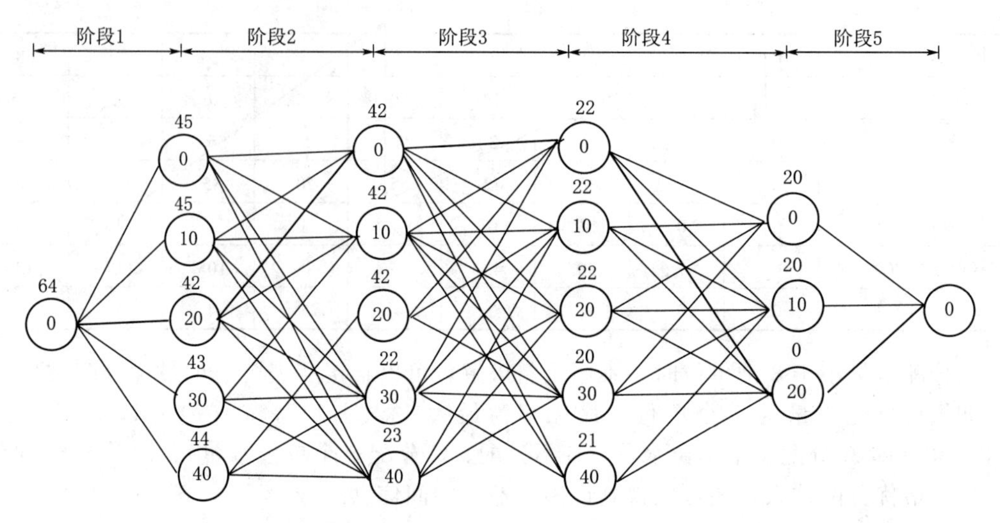

图 3.6　多阶段水量调度网络图及动态规划标号法求解结果（圈点上方数字为标号值）

3. 水资源调度和运行管理

【例 3.5】 某水源公司在 5 个时期内需要保证有足够的水量供应一个地区。公司拥有一座调蓄用的水库，最大库容 40 个单位，随时可以调入水源加以补充蓄水，以备下期供水。且在每个时期开始，公司均能向全部用户供水。设每时期水库单位水量储存费用为 0.1，每次调入水量（不论多少）的费用为 20。I 时期开始调入水量为 x_i，并按 $\Delta=10$ 整数增量。第一期开始和最末期结束，水库蓄水量均为零。现要求在满足规划期全部需水量（各时期需水量 D_i 分别为 10、20、30、30、20）的条件下，使总供水量费用最小，采用动态规划法标号进行水量最优调度（鲍新华，1993）。

根据上述问题，可分析给出该问题的水量调度网络图（图 3.8）。由于图中空间小，图上仍未标出储水费用 $r_i(x_i)$。

采用标号法求解，结果直接标在了图 3.6 上，图中最优方案线条进行了加粗。

从图 3.6 可见，各阶段始末状态与决策一目了然。该方案最小费用为 64，此时各阶段始末状态为 0－20－0－20－20－0，即最优蓄水方案为 30－0－30－50－0。

本例题还可以采用递推公式求解。

4. 几种方法简单比较

从上面输水线路选择、水量最优分配、水库蓄水最优调度 3 个例子对比看，对于较简单的问题，采用标号法求解更方便。标号法的结果是由末端生长到起点的一棵树，达到起点的最远枝干就是最优方案。如果有多个最优方案，图上也一目了然。同时，对于较复杂的问题，网络图的绘制，也有利于对问题的进一步理解。

上面几个动态规划模型，一般具有这么几个特点：①不同问题，数学模型不同，求解的程序有差别，不易编制统一的计算机程序；②具体问题的各阶段状态变量及决策变量集合是已知或可知的；③系统的始末一般只有一种状态。

对于上面的动态规划问题，可以形成同输水线路性质一样的网络图，有了这样的网络图，就可以采用统一的计算机程序求解。LINGO、MATLAB 等均可求解动态规划问题。

5. 动态规划的 LINGO 求解

一般动态规划，如果能形成类似输水线路网络图的初始网络，就可以采用统一的计算机程序求解。以 LINGO 软件为例，求解［例 3.1］的动态规划问题如下。

【例 3.6】 用 LINGO 软件求解［例 3.1］。

打开 LINGO 演示版软件，主面板输入程序如图 3.7 所示，计算结果如图 3.8 所示。

```
sets:
nodes/A,E1,E2,F1,F2,G1,G2,B/: d;!节点编号;
arcs(nodes,nodes)/A,E1 A,E2 E1,F1 E1,F2 E2,F1,E2,F2 F1,G1 F1,G2 F2,G1 F2,G2 G1,B G2,B/: w,p;!节点间连接网络线;
endsets
N=@size(nodes);!节点数;
d(n)=0;
@for(nodes(i) |i#LT#n: d(i)=@min(arcs(i,j): w(i,j)+d(j)));!求最小值;
@for(arcs(i,j):
p(i,j)=@if(d(i) #eq# w(i,j)+d(j),1,0));
data:
 w=5 6 7 7 5 6 2 4 3 5 5 4;!路线费用数据;
enddata
```

图 3.7　［例 3.6］LINGO 求解程序

Variable	Value
N	8.000000
D(A)	18.00000
D(E1)	14.00000
D(E2)	12.00000
D(F1)	7.000000
D(F2)	8.000000
D(G1)	5.000000
D(G2)	4.000000
D(B)	0.000000
W(A, E1)	5.000000
W(A, E2)	6.000000
W(E1, F1)	7.000000
W(E1, F2)	7.000000
W(E2, F1)	5.000000
W(E2, F2)	6.000000
W(F1, G1)	2.000000
W(F1, G2)	4.000000
W(F2, G1)	3.000000
W(F2, G2)	5.000000
W(G1, B)	5.000000
W(G2, B)	4.000000
P(A, E1)	0.000000
P(A, E2)	1.000000
P(E1, F1)	1.000000
P(E1, F2)	0.000000
P(E2, F1)	1.000000
P(E2, F2)	0.000000
P(F1, G1)	1.000000
P(F1, G2)	0.000000
P(F2, G1)	1.000000
P(F2, G2)	0.000000
P(G1, B)	1.000000
P(G2, B)	1.000000

图 3.8　［例 3.6］LINGO 程序求解结果

运行结果显示最优值为 18[$D(A)=18$，其余 D 为标号法求的局部最优值]，最优路线为 $A-E_2-F_1-G_1-B$（P 值为 1 表示为局部最优，连接起来就是最优路线）。

LINGO 的函数及命令可进一步参照软件说明，这里不多介绍。

练　习　题

3.1　水源地为 A，需从水源地引水至 D 城，供水管路要经过 B，C 两个地点，且每个地点又有多个可供选择的方案（图 3.9），管路可能经过的线路及各路段的输水费用如图 3.9所示，试采用动态规划标号法和逆序递推公式计算选择一条输水费用最小的路线。[答案：$f*_1(A)=9$，最优路线 $A-B_3-C_2-D$]

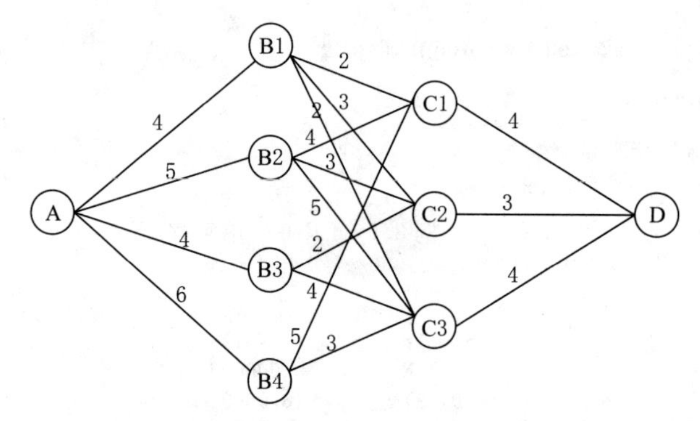

图 3.9　水源地 A 到城市 D 可能的输水线路

3.2　[例 3.3]中表 3.1 中去掉最后 2 列，即可用分配水量共 6 个单位，采用递推公式和标号法求解最优水量分配问题。

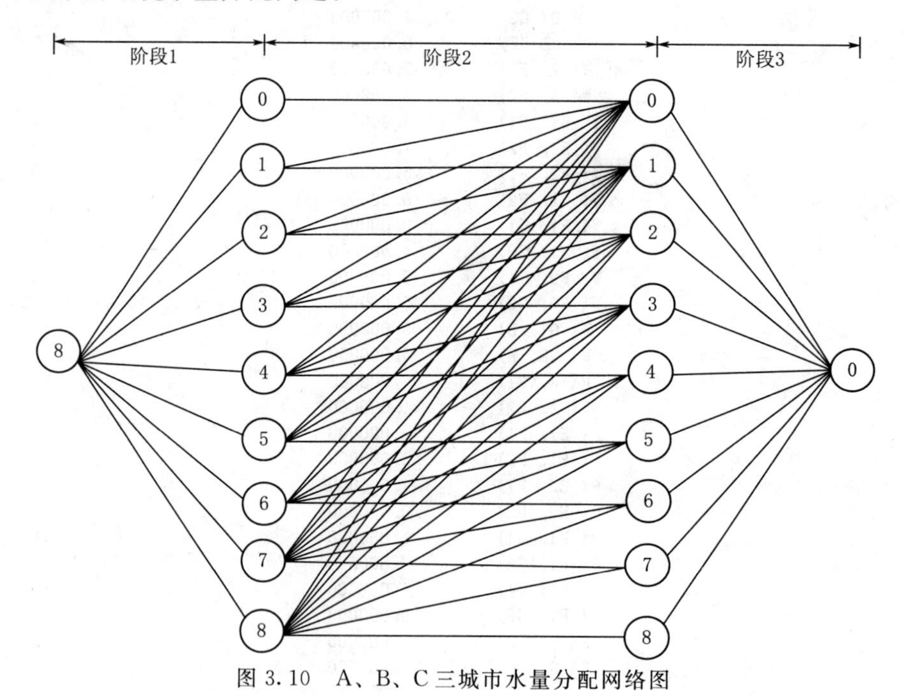

图 3.10　A、B、C 三城市水量分配网络图

3.3　采用动态规划递推公式求解 [例 3.5]。

第 4 章　其他规划模型在水资源管理中的应用

水资源管理中的各种优化管理模型，主要是将运筹学一些理论和方法应用于水资源管理中。除了前面介绍应用较多的线性规划、动态规划方法外，整数规划、线性目标规划、非线性规划、多目标规划、层次分析等决策理论，遗传算法、神经网络算法、混沌优化等智能算法都在水资源管理中有一定的应用。本章从这些应用中，选讲多目标规划、层次分析法。

4.1　多目标规划

4.1.1　水资源管理中的多目标问题

地下水资源开发的作用与影响，涉及国计民生各个方面。地下水资源管理决策过程中，各用水部门往往提出不同的要求和不同的目标，而有些目标是难以定量化的（如环境生态平衡评价，大气污染评价等），或者难以用统一的量纲进行评价的。所以，任何一个地区实际的水资源管理常常不是一个目标，而是多目标的（multiple objectives programming）。现在说得比较多的构建和谐社会，也需要在水资源管理上的多目标（社会、经济、生态等方面）。美国水资源委员会的“水土资源规划的原则与标准”中规定，对美国水资源开发必须考虑两个同等重要的目标：一是发展国民经济的目标，采用增加国家物产和改善国民经济效益的办法来促进国民经济的发展；另一个是保证环境质量的目标，可采用管理、保护、防治和改善自然资源、文化资源和生态系统来促进环境质量的提高。许多国家的地下水资源规划，已由单目标管理改变为多目标管理。他们在制定管理规划时、考虑下列目标间的权衡，如经济增长、区域发展、资源开发、环境质量、就业、人口控制、对外贸易、国家安全、能源生产及公共卫生。因为这些目标中的每一个都或多或少地受到水量和水质时空分布的影响。

水资源管理多目标理论或多目标规划的基本思想最早是由法国经济学家 V. Pareto 于 1896 年提出的，它处理了大量不同量纲的目标转换成单一最优性准则问题。以 A. W. Tucker 为首的哈佛大学水规划组的科学家们 1962 年首次将多目标线性规划应用于地表水资源规划。目前多目标理论日趋成熟，应用越来越广。

水利工程一般是多用途的，如长江三峡工程兼具防洪、发电、航运、调水等功能，这些功能一般是有矛盾的。比如为了防洪，汛前水位要降下来，但这会影响发电。发电可以用货币来衡量，防洪考虑更多的是人口、城市和耕地，不能完全用货币来衡量。再比如区域水资源配置中，要综合考虑社会、经济和环境等因素。这些因素形成水资源优化模型时，一般都是多目标的。

4.1.2 多目标规划模型与特点

1. 一般描述

目标函数：　　$\max Z(x)=[Z_1(x),Z_2(x),\cdots,Z_p(x)]$

或 min

约束条件：　　$g_i(x)\leqslant$(或$\geqslant$或$=$)$b_i\ (i=1,2,\cdots,m)$

$$x_j\geqslant 0\quad(j=1,2,\cdots,n)$$

式中　x_j——决策变量，$j=1，2，\cdots，n$；

$Z(x)$ ——p 个独立的目标函数组成的目标函数向量；

$g_i(x)$ ——约束条件组；

b_i——常数项。

2. 多目标模型特点

(1) 多目标性。

(2) 各个目标一般量纲不同，不可公度。如开采量最大、降深最小等。

(3) 各个目标可能是相互矛盾的。

(4) 多目标的解不是唯一最优的，这些解的集合称非劣解集（多目标规划的解之间无法确定优劣，但没有比它们更好的其他方案，所以它们就被称之为多目标规划问题的非劣解或有效解，其余方案都称为劣解。所有非劣解构成的集合称为非劣解集）。

(5) 多目标规划可以充分发挥规划者和决策者的作用，二者的适当权衡得到最佳权衡解。

3. 多目标决策求解方法

多目标规划问题的求解方法可分为直接法和间接法（林锉云等，1992）。直接法目前仅有几种特殊情况下可求解。多数求解要采用间接法。间接法常需要将多目标规划问题转化为单目标规划问题去处理。实现这种转化，有如下方法。

(1) 转化为一个目标函数求解。这类方法有权重法、约束法等。

(2) 转化为多个单目标问题求解。按照一定的方法将多目标转化为有序的多个单目标问题，然后依次求解这些单目标规划问题，将最后一个单目标问题的最优解作为多目标问题的最优解。这类方法有分层序列法、重点目标法、分组序列法、可行方向法、交互规划法等。

(3) 目标规划法。对于每一个目标都定了一定目标值，要求在约束条件下目标尽可能逼近给定的目标值。常用的方法有目标点法、最小偏差法、分层目标规划法等。

下面介绍几种常用的方法：

(1) 权重法：按在多目标中的重要程度，赋予适当的权重，将目标向量问题转化为单目标函数。权重反映了决策者对各目标的倾向性意见。可根据专家意见、经验等确定。层次分析法是确定权重一比较好的方法（后面介绍）。

$$\max Z(x)=W_1Z_1(x)+W_2Z_2(x)+\cdots+W_pZ_p(x)$$

$$\sum_{k=1}^{p}W_k=1\quad(\text{权重归一化})$$

(2) 约束法：按重要程度，每次优化一个目标函数，而限定其他的目标函数在合理范围内（化为约束条件），逐步求出所有的解。

若规划问题的某一目标可以给出一个可供选择的范围，则该目标就可以作为约束条件而被排除出目标组，进入约束条件组中。假如，除第一个目标外，其余目标都可以提出一个可供选择的范围，则该多目标规划问题就可以转化为单目标规划问题。按重要程度顺序进行。求：

$$\max Z_j(x)$$
$$Z_k(x) \geqslant L_k (k \neq j)$$
$$\text{其他约束}$$

式中 $Z_j(x)$ ——选定的基本目标；

$Z_k(x)$ ——其余目标；

L_k——事先设定的第 k 个目标的下限值。

上述构成单目标规划问题可求解。变化参数 L_k，重复求解就可以生成非劣解集，直到 L_k 增大至不能满足原问题的约束条件为止。

4. 最佳权衡解确定方法

（1）规划者事先与决策者商量好某种原则，然后由规划者按此原则去确定。

（2）通过编制效果矩阵，然后根据规划意图、决策者愿望等去比较选择一组，见表4.1。这种比较往往是互相妥协、折中的过程。

表 4.1　多目标规划效果矩阵表

可行解＼目标	$Z_1(x)$	$Z_2(x)$	…	$Z_p(x)$
第1组 X_1	$Z_1(x_1)$	$Z_2(x_1)$	…	$Z_p(x_1)$
第2组 X_2	$Z_1(x_2)$	$Z_2(x_2)$	…	$Z_p(x_2)$
…	…	…	…	…
第 p 组 X_p	$Z_1(x_p)$	$Z_2(x_p)$	…	$Z_p(x_p)$

多目标规划问题建模、求解、最佳解（非劣解）的确定过程，可用图4.1过程来描述。

5. 二变量多目标规划解

对二变量目标问题，可绘制无差别曲线（等效用曲线），通过曲线权衡选择。如水利工程中的发电和灌溉两个目标，等效果数据见表4.2及如图4.2曲线所示。

表 4.2　发电与灌溉等效果数据表

发电量/(kW·h)	1	2	3	4	6	8
灌溉土地/亩	10	6	3	2	1.5	1

可以根据实际数据画出多条无差别曲线（这里根据数据仅仅画了一条。如果有更大的投资，则能画出另外多条曲线）。然后将目标函数曲线画上去，与无差别曲线相切的点就是最佳权衡解。

【例 4.1】 门宝辉等根据淮河流域南四湖供水问题，以系统总缺水量（最小）Z_1、系统总效益（最大）Z_2 为相应目标函数，加上供水能力、需水量（农业、工业、生活、生态环境）约束条件，建立了南四湖供水问题的两个目标的优化管理模型（门宝辉等，

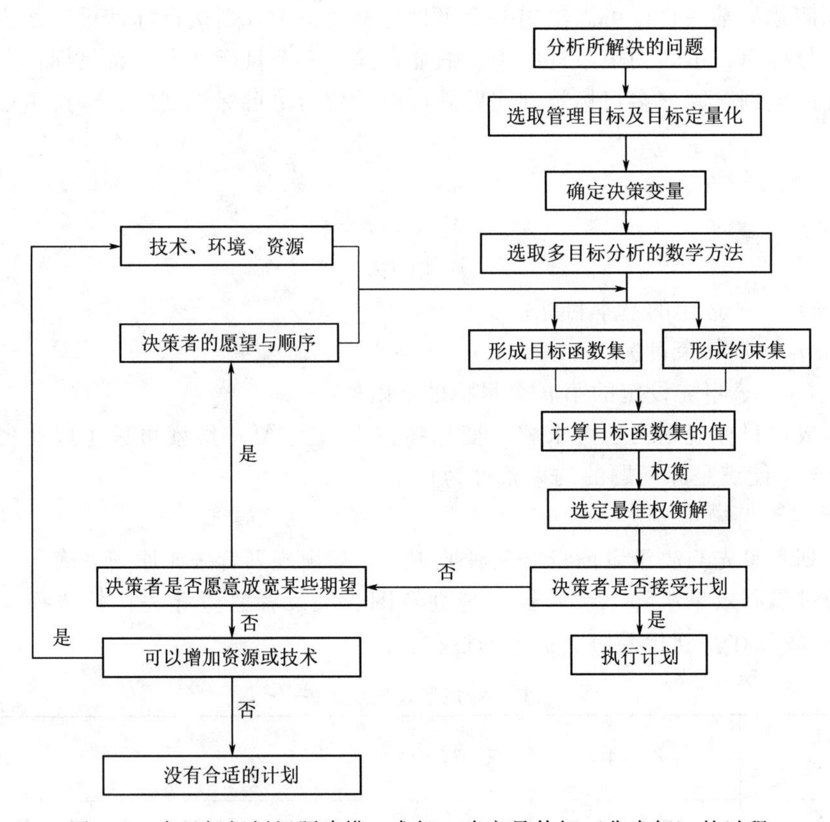

图 4.1　多目标规划问题建模、求解、确定最佳解（非劣解）的过程

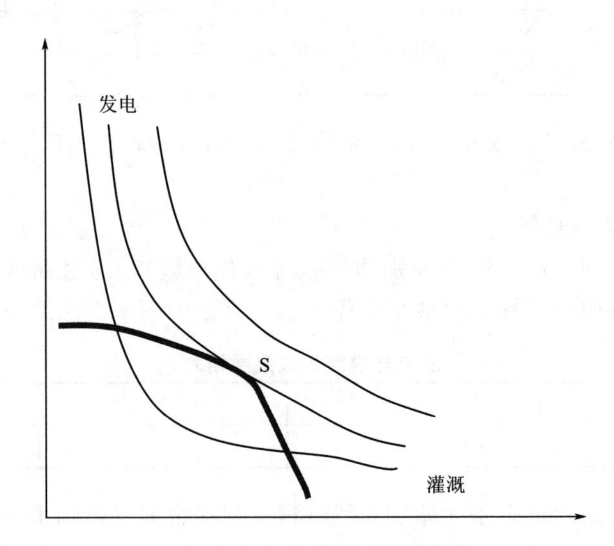

图 4.2　发电与灌溉无差别曲线

2018）。设优化用水量为 x，简化的二目标函数优化模型如下：

目标函数：

供水系统缺水量最少：　　　　$Z_1=\min z(x)$

供水系统效益最大： $Z_2=\max z(x)$

供水能力约束： $\sum x\leqslant W$

需水量约束： $L\leqslant\sum x\leqslant H$

式中 W——水源供水能力；

L、H——用户需水的下限、上限。

对上述多目标管理问题，先采用加权法转化为单目标函数（$\min Z=\alpha_1Z_1-\alpha_2Z_2$，$\alpha_1+\alpha_2=1$），然后用LINGO软件求解，计算结果见门宝辉等。

上述转化为单目标规划求解过程中，加权法的系数很主要，这取决于经验和管理者的喜好。两个目标函数，一个是水量，一个是效益，不同的物理量合并到一个目标函数中，这个权重的确不好给，可能需要反复调试试算的。本题中权重取值 $\alpha_1=0.8333$，$\alpha_2=0.1667$。

还应注意到，采用权重法转化为一个目标函数时，目标函数 Z_2 前是负号。

4.2 层次分析模型在水资源管理中的应用

4.2.1 层次分析法概述

层次分析法（analytic hierarchy process，AHP）是美国运筹学家T. L. Saaty教授于20世纪70年代提出的一种实用的多方案或多目标的决策方法。其主要特征是，它合理地将定性与定量的决策结合起来，按照思维、心理的规律把决策过程层次化、数量化。该方法自1982年被介绍到我国以来，以其定性与定量相结合地处理各种决策因素的特点，以及其系统灵活简洁的优点，迅速地在我国社会各个领域内，如能源系统分析、城市规划、经济管理、科研评价等，得到了广泛的重视和应用。

AHP法是以模糊聚类分析和模式识别为理论基础建立的，它把难以完全用定量方法研究的复杂问题按系统分析的方法划分成若干个有序层次，然后在比原问题简单得多的层次上逐步分析。它能处理可量化的因素，又可以结合专业人员的主观分析把一些难以量化的因素用数量形式表达和处理。方法本身还能提示专家自己对某类问题的主观判断前后是否有矛盾，从而保持思维的一致性。对决策问题，AHP最终归结为最低层各因素相对最高层相对优劣排序问题。

层次分析法本质上是一种半定量化的方法。对于复杂问题的决策和判断，人们一般采用两类处理方法。一类是经验，复杂问题的决策往往比较难理清思路，这时候往往靠经验。当经验不足时的决策经常是盲目的拍脑门的决定。对于重要问题，这不是人们应有的科学态度。另一类方法就是，复杂问题想不清楚时，把复杂问题分解为几个简单问题，分别考虑比较简单问题，最后再综合决定。后一做法就是层次分析法的基本思路，只不过层次分析法把这一过程加上了数学的量化计算。

许广森等较早将层次分析法应用到水资源优化管理中（许广森等，1987）。随后许涓铭、宫辉力、鲍新华等也将层次分析法应用到地下水质评价、水源地优选、输水线路优选中（许涓铭等，1988；宫辉力等，1989；鲍新华等，1991，2012）

先分解后综合的系统思想是层次分析法的核心。首先将所要分析的问题层次化，根据问题的性质和要达到的总目标，将问题分解成不同的组成因素，按照因素间的相互关系及隶属关系，将因素按不同层次聚集组合，形成一个多层分析结构模型，最终归结为最低层（方案、措施、指标等）相对于最高层（总目标）相对重要程度的权值或相对优劣次序的问题。层次分析法将定性分析与定量分析有机结合，实现了思维定量化决策。

例如，某人准备选购一台电冰箱，他对市场上的 6 种不同类型的电冰箱进行了解后，在决定买哪一款式时，往往不是直接进行比较，因为存在许多不可比的因素，而是选取一些中间指标进行考察。例如电冰箱的容量、制冷级别、价格、型式、耗电量、外界信誉、售后服务等 7 个方面考查，然后再考虑各种型号冰箱在上述各中间标准下的优劣排序。借助这种排序，最终做出选购决策。在决策时，由于 6 种电冰箱对于每个中间标准的优劣排序一般是不一致的，因此，决策者首先要对这 7 个标准的重要程度作一个估计，给出一种排序，然后把 6 种冰箱分别对每一个标准的排序权重找出来，最后把这些信息数据综合，得到针对总目标即购买电冰箱的排序权重。有了这个权重向量，决策就科学了。

如果说买个冰箱这么做过于复杂了，那对重要岗位的领导选拔应该是要认真做的事情。我们可以从德、才两方面考查。根据业务岗还是行政岗，给出不同的权重。然后每个方面考虑几个因素，采用层次分析法进行科学选拔。

1. 层次分析法应用的步骤

（1）分析系统中各因素的关系，建立系统的递阶层次结构。递阶层次建构的建立是应用层次分析法的基础。

（2）对同一层次上各因素关于上一层次某一准则的重要性进行两两比较，构造两两比较判断矩阵（正互反矩阵）。

（3）由判断矩阵计算被比较元素对于该准则的相对权重，并进行一致性检验。

（4）计算各层元素对系统目标的合成权重，并进行排序。

2. 应用层次分析法的注意事项

（1）如果所选的要素不合理，其含义混淆不清，或要素间的关系不正确，都会降低 AHP 法的结果质量，甚至导致 AHP 法决策失败。

（2）为保证递阶层次结构的合理性，需把握的原则是：分解简化问题时把握主要因素，不漏不多。注意相比较元素之间的强度关系，相差太悬殊的要素不能在同一层次比较。

4.2.2　层次分析法实例及计算

【例 4.2】 某电厂拟用 13 万元在辽东湾某地建一个供水能力 900 万 m^3/年的水源地，有 4 个备选水源地，本区平均海侵宽度 1.5km，其他基本数据见表 4.3，要求做出水源地优选（鲍新华，1991）。

表 4.3　基础数据表

分　区	供水能力/(万 m^3/年)	11 项水质指标超标项数	距海距离/km	投资费用/万元
1	850	5	15	9
2	840	2	15	10
3	200	3	1.5	11
4	1200	1	3.6	12

（1）分析系统中各因素的关系，建立系统的递阶层次结构。对于决策问题，一般可把

问题划分为目标层、约束层或准则层、方案层3个层次。如果问题包含的因素较多，还可以划出一些中间层或子层次，这样形成的递阶层次结构可使决策问题更清晰，从而使人们的思维条理化。建立问题的递阶层次结构模型是层次分析法的基础，对于复杂的问题，单凭主观的逻辑判断有时是难以得到一个比较合理的层次结构的，这时可以采用一定的数学方法来帮助建立层次结构模型。不同的人对同一问题所构造的模型也许有所不同，但若对问题的理解是相似的，则最终结果就会趋于一致。

通过问题分析，给出该问题的AHP结构图如图4.3所示。

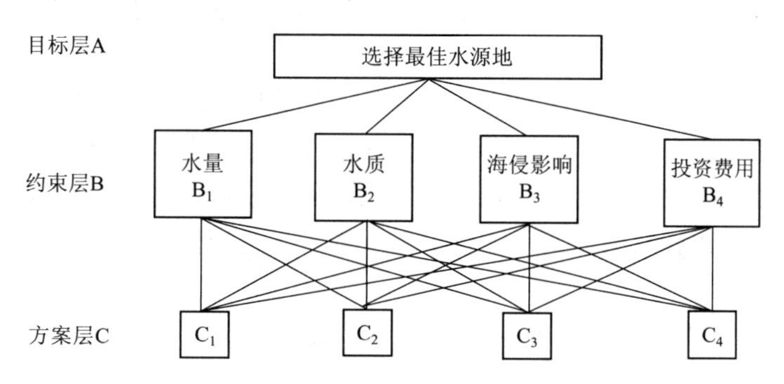

图4.3 优选最佳水源地递阶层次结构模型

（2）对同一层次上各因素关于上一层次某一准则的重要性进行两两比较，构造两两比较判断矩阵。

层次分析法中的判别矩阵是正互反矩阵，对角线元素为1（自身比较为1）。

针对目标层，将B层4个因素采用1-9标度法（表4.4）两两比较，可以得到B-A判别矩阵见表4.5［总判断次数为$n(n-1)/2$次］。

表4.4　标度1-9的含义

标　度	含　义
1	表示两个元素相比，具有同等重要性
3	表示两个元素相比，前者比后者稍重要
5	表示两个元素相比，前者比后者明显重要
7	表示两个元素相比，前者比后者强烈重要
9	表示两个元素相比，前者比后者极端重要
2、4、6、8	表示上述相邻判断中的中间值
倒数	元素i与j相比为$a_{i,j}$，则元素j与i相比取$a_{j,i}=1/a_{i,j}$

表4.5　B-A判别矩阵

A	B_1	B_2	B_3	B_4	W
B_1	1	1	3	4	0.4013
B_2	1	1	2	3	0.3375
B_3	1/3	1/2	1	2	0.1638
B_4	1/4	1/3	1/2	1	0.0974
检验	$\lambda max=4.031$ $CI=0.0103$		$RI=0.89$ $CR=0.0115<0.1$		

本例中，相对 A 层目标，B 各元素分析比较举例如下：

一般来说，水质水量并重。水量与水质相比具有“同等重要”性，取标度为 1。

水量与投资费用相比，尽管投资费用针对目标层也是一重要因素，但在 4 个备选方案中，计划投资均能满足要求，故认为二者相比介于“稍微重要”和“明显重要”之间，取标度为 4，相反为 1/4。

水质与海侵影响比较，该区域海侵针对目标层也是一重要因素，但海侵影响与水质二因素并不完全独立，且水质中包含多达 11 项指标，故取它们比较的标度为 2，相反为 1/2。

注意到水量与水质比较时，取值为 1。这说明水量与水质同样重要。但表中水量与投资费用比较取值 4，水质与投资费用比，取了数值 3。这反映了我们思维存在一定的不一致性。这在层次分析法中是允许且比较常见。人为的判断取值，很难非常准确，这也是判别矩阵为什么要二二比较的原因之一。这不是烦琐了，是恰恰又给数据增加了一次纠错的机会!

类似可以得到 C 层相对 B_1 层的判断矩阵，见表 4.6。

表 4.6　　C－B_1 判 别 矩 阵

B_1	C_1	C_2	C_3	C_4	W
C_1	1	1.0119	4.25	0.7083	0.2751
C_2	0.9882	1	4.2	0.7	0.2719
C_3	0.2353	0.2381	1	0.1667	0.0647
C_4	1.4118	1.4286	6	1	0.3883
检验	$\lambda_{max}=4$	$RI=0.89$	$CI=0$	$CR=0<0.1$	

上表中的数据，似乎有点奇怪。层次分析法给出的标度法数值表（表 4.4）是整数，但注意到也不是都是整数，倒数一般就不是整数。表中的数值是直接采用了水量比较的方法得到的。

有了上面的思路，对水质项，可以采用未超标项数进行比价。将未超标数进行比较，得到表 4.7。

表 4.7　　C－B_2 判 别 矩 阵

B_2	C_1	C_2	C_3	C_4	W
C_1	1	0.6667	0.75	0.6	0.1818
C_2	1.5	1	1.125	0.9	0.2727
C_3	1.3333	0.8889	1	0.8	0.2424
C_4	1.6667	1.1111	1.25	1	0.3030
检验	$\lambda_{max}=4$	$RI=0.89$	$CI=0$	$CR=0<0.1$	

将距海距离直接比较，得到表 4.8。

表 4.8 C－B_3 判别矩阵

B_3	C_1	C_2	C_3	C_4	W
C_1	1	1	10	4.1667	0.4274
C_2	1	1	10	4.1667	0.4274
C_3	0.1	0.1	1	0.4167	0.0427
C_4	0.24	0.24	2.4	1	0.1026
检验	$\lambda_{max}=4$	$RI=0.89$	$CI=0$	$CR=0<0.1$	

将节省的费用直接比较，得到表 4.9。

表 4.9 C－B_4 判别矩阵

B_4	C_1	C_2	C_3	C_4	W
C_1	1	1.3333	2	4	0.4
C_2	0.75	1	1.5	3	0.3
C_3	0.5	0.6667	1	2	0.2
C_4	0.25	0.3333	0.5	1	0.1
检验	$\lambda_{max}=4$	$RI=0.89$	$CI=0$	$CR=0<0.1$	

表 4.7、表 4.9 计算过程中，是对原始数据进行了变换后计算了，可事先对原始数据表处理下（表 4.10）。

表 4.10 基础数据表（变换后）

分　区	供水能力/(万 m^3/年)	11 项水质指标未超标项	距海距离/km	节省投资费用/万元
1	850	6	15	4
2	840	9	15	3
3	200	8	1.5	2
4	1200	10	3.6	1

上面几个表中，对于最下边一行和最右边一列，计算方法如下：

以 C－B_1 为例，计算如下：

850/840＝1.0119　　850/200＝4.25　　850/1200＝0.7083

840/200＝4.2　　840/1200＝0.7

200/1200＝0.1667

(3) 层次单排序及其一致性检验。判断矩阵的特征向量（即层次单排序）及最大特征根 λ_{max} 可以采用方根法、幂法等求出。

方根法步骤：

1) 特征向量计算。矩阵按行相乘得到一列向量；每个向量开 n 次方；所得到新向量归一处理即是结果。

计算公式：

$$w_i=\frac{\left(\prod_{j=1}^{n}a_{i,j}\right)^{\frac{1}{n}}}{\sum_{k=1}^{n}\left(\prod_{j=1}^{n}a_{k,j}\right)^{\frac{1}{n}}}\quad(i=1,2,\cdots,n)$$

以表 4.5 为例说明计算过程：

各行相乘有

$$1\times1\times3\times4=12\qquad\sqrt[4]{12}=1.8612$$

$$1\times1\times2\times3=6\qquad\sqrt[4]{6}=1.5651$$

$$\frac{1}{3}\times\frac{1}{2}\times1\times2=\frac{1}{3}\qquad\sqrt[4]{\frac{1}{3}}=0.7598$$

$$\frac{1}{4}\times\frac{1}{3}\times\frac{1}{2}\times1=\frac{1}{24}\qquad\sqrt[4]{\frac{1}{24}}=0.4518$$

归一化：

$$1.8612+1.5651+0.7598+0.4518=4.6379$$

$$1.8612/4.6379=0.4013\quad 1.5651/4.6379=0.3375$$

$$0.7598/4.6379=0.1638\quad 0.4518/4.6379=0.0974$$

即

$$W=(0.4013,0.3375,0.1638,0.0974)^T$$

结果见表 4.5 中数据。

2)$\lambda_{\max}$计算。

$$AW=\begin{pmatrix}1&1&3&4\\1&1&2&3\\1/3&1/2&1&2\\1/4&1/3&1/2&1\end{pmatrix}\begin{pmatrix}0.4013\\0.3375\\0.1638\\0.0974\end{pmatrix}=\begin{pmatrix}1.6198\\1.3586\\0.6611\\0.3921\end{pmatrix}$$

$$\lambda_{\max}=\frac{1}{n}\sum_{1}^{n}\frac{(AW)_i}{w_i}=\frac{1}{4}\times\left(\frac{1.6198}{0.4013}+\frac{1.3586}{0.3375}+\frac{0.6611}{0.1638}+\frac{0.3921}{0.0974}\right)=4.0309$$

一致性检验：检验是为了保持判别思维一致性。认为一致性比例 $CR<0.1$ 时，矩阵具有满意的一致性，否则要调整矩阵元素取值。应注意的是，检验具有满意一致性时，并不能说明量化排序结果的合理性（比如系统偏差）。

3）CR 计算。先计算一致性指标 CI。

$$CI=\frac{\lambda_{\max}-n}{n-1}$$

$$CR=\frac{CI}{RI}$$

式中　$\lambda_{\max}$——矩阵最大特征根；

　　RI——平均随机一致性指标，查表 4.11 得到。

表 4.11　　平均随机一致性指标 *RI*（1000 次随机结果）

矩阵阶数	1	2	3	4	5	6	7	8
RI	0	0	0.52	0.89	1.12	1.26	1.36	1.41
矩阵阶数	9	10	11	12	13	14	15	
RI	1.46	1.49	1.52	1.54	1.56	1.58	1.59	

关于λ_{max}矩阵最大特征根：若判断矩阵具有完全一致性时，$\lambda_{max}=n$，且除$\lambda_{max}=n$外，其余特征根均为零，而当判断矩阵只有满意的一致性时，它的最大特征根稍大于矩阵阶数n，且其余特征根接近于零，这样基于层次分析法得出的结论才是基本合理的。

λ_{max}及其特征向量的幂法计算（以表 4.5 为例）：幂法计算框图如图 4.4（ε 为事先给定的一个精度）所示。

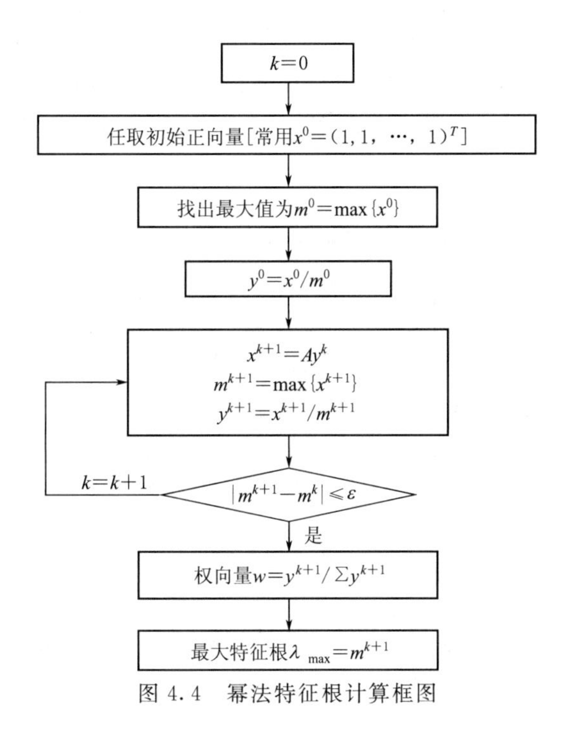

图 4.4　幂法特征根计算框图

按上述流程，对表 4.5 的计算结果见表 4.12。

表 4.12　　幂法计算特征根和权重基础矩阵（采用 Excel 表计算）

1	1	3	4					
1	1	2	3					
1/3	1/2	1	2					
1/4	1/3	1/2	1					
迭代计算								
k	*x*				*y*			
0	1	1	1	1	1	1	1	1
1	9.0000	7.0000	3.8333	2.0833	1.0000	0.7778	0.4259	0.2315
2	3.9815	3.3241	1.6111	0.9537	1.0000	0.8349	0.4047	0.2395

续表

k	x				y			
3	4.0070	3.3628	1.6345	0.9702	1.0000	0.8392	0.4079	0.2421
4	4.0314	3.3814	1.6451	0.9758	1.0000	0.8388	0.4081	0.2421
5	4.0312	3.3810	1.6449	0.9757	1.0000	0.8387	0.4080	0.2420
6	4.0310	3.3809	1.6448	0.9756	1.0000	0.8387	0.4080	0.2420
7	4.0310	3.3809	1.6448	0.9756	1.0000	0.8387	0.4080	0.2420
				Σ	2.4888			
				W	0.4018	0.3370	0.1640	0.0972

从特征向量看，结果与方根法基本一致。

(4) 层次总排序及一致性检验。层次总排序指同一层次所有元素对于最高层的排序权值，它是由高到低逐渐进行的。同样，对总排序也要进行一致性检验。

本问题由于 A 层仅有一个元素，所以 B 层单排序及检验就是 B 层总排序及检验。C 层总排序见表 4.13。

表 4.13　　C 层总排序表

B 层 / C 层	B_1	B_2	B_3	B_4	W
	0.4013	0.3375	0.1638	0.0974	
C_1	0.2751	0.1818	0.4274	0.4	0.2807
C_2	0.2719	0.2727	0.4274	0.3	0.3004
C_3	0.0647	0.2424	0.0427	0.2	0.1343
C_4	0.3883	0.3030	0.1026	0.1	0.2846

上表计算举例：$0.04013\times0.2751+0.3375\times0.1818+0.1638\times0.4274+0.0974\times0.4=0.2807$

结果是第 2 区水源地为所选择的，这从原始资料中也可看出是合理的。

整体一致性检验：由于 C 层四个矩阵的单排序均为完全一致性，故总的排序也具有完全一致性。

(5) C 层对于目标层的一致性检验。

$$\begin{aligned} CI &= (CI_1, CI_2, CI_3, CI_4)(w_1, w_2, w_3, w_4)^T \\ &= (0,0,0,0)(0.4013, 0.3375, 0.1638, 0.0974)^T \\ &= 0 \end{aligned}$$

$$\begin{aligned} RI &= (RI_1, RI_2, RI_3, RI_4)(w_1, w_2, w_3, w_4)^T \\ &= (0.89, 0.89, 0.89, 0.89)(0.4013, 0.3375, 0.1638, 0.0974)^T \\ &= 0.89 \end{aligned}$$

$$CR = CI/RI = 0 < 0.1$$

一般实际应用时，整体一致性检验一般可以忽略。事实上当决策者给出单准则下的判别矩阵时，是难以考虑整体的。当整体一致性不满足要求时，调整也比较困难。

第5章 地下水资源管理工作程序

5.1 水资源管理的监测工作与管理措施

5.1.1 水资源管理中的监测工作

水资源管理中的监测工作，主要是为了解管理区内水动力、水化学和其他环境地质问题的动态特征，为建立管理模型提供资料；监测管理模型运行后环境动态要素的变化，为管理模型校正完善提供依据；监测管理模型运行后各种条件的变化情况。

1. 监测工作的内容

（1）系统动态监测：水位、水量、水质、水温监测；开发利用效益监测；人工调蓄问题监测。

（2）有害环境地质作用监测：地面环境地质问题监测。如沉降、塌陷等；其他环境问题监测，如污水排放浓度、土壤盐渍化发展等。

监测是为建模提供必需的数据，建模后管理运行，仍然需要监测工作。

2. 监测工作的技术要求

（1）监测网点的布置。

（2）监测频率、次数和时间要求。

（3）资料整理与成果提交。

管理模型需要的资料与数值法建模需要的资料类似，不仅是区域内部的，边界上的资料更是建模不可缺少的。这就要求监测网点不仅要布设在区域内部，边界上为搞清楚水位流量的关系，边界上必要的监测点一定要布置。监测频率和次数，要根据管理模型精度的要求确定。

5.1.2 水资源管理措施

1. 水资源管理中行政和法律措施

水资源管理机构具有双重职能，即行政职能和专业技术上的职能。

（1）行政职能。

1）贯彻并监督执行国家有关水资源的方针、政策和法律、法令、检查有关水资源开发、利用、保护的各项规划及各项法律和法令的实施情况，对于违法者予以经济制裁、行政处分和法律诉讼。

2）在法律授权范围内，会同有关部门规定水资源开发与保护的某些条例、规定、标准和经济技术政策，如防止地下水污染条例，防止地面沉降条例等。

3）统一管理所属范围内水资源的合理开发与保护工作，指挥和协调各有关部门的工作。

4）负责审批用水单位的建井申请，征收水费等日常管理事务。

（2）管理职能。

1）对管理区域内各种水资源进行正确统计，制定审批地下水开采方案，管理建井工作。

2）负责水资源量和质方面的动态观测、资料的统计积累及分析整理工作，定期预报地下水量与水质的变化及发展趋势，提出改善措施，制定对水资源和环境保护的技术对策，为有关水资源的法令、法律条款的建立和修订提供技术论证。

3）组织有关水资源评价、监测、开发、利用、保护等各项专题科研工作的组织实施，积极引进推广国内外地下水资源管理的先进经验和技术。

2. 水资源管理中的经济措施

对浪费水资源、偷采水资源、污染水资源等，要制定严格的经济处罚措施。对保护水资源，节水等，要鼓励奖励，形成制度化。

3. 水资源管理中的技术措施

在水资源管理中，加强对地下水资源合理开发利用的研究：

(1) 开展地下水人工调蓄，扩大地表水和地下水联合使用。

(2) 建立节水型经济结构。

(3) 污水资源化。

(4) 防止污染，保护水质。

(5) 保持水土，涵养水分。

(6) 供排结合，综合利用地下水。

(7) 跨流域调配水资源。

5.2　水资源管理工作程序与步骤

1. 确定管理任务

开展地下水资源管理工作，首先要明确管理要达到什么目的，在什么范围上，管理期多久。具体包括明确管理目标，目标可以单一的或综合的，可以近期的，也可远期的。管理范围一般应为完整的水文地质单元，类似地表的流域管理。采用自然单元最理想。但有时可能是行政区域上的管理，这时候要特别注意边界条件的确认。管理期限应根据管理目标、资料精度、地下水模型精度等来综合考虑。一般来说，研究长年变化的以年为单位，研究季节变化的，以月为单位。

2. 开展水文地质调查，全面收集有关资料

明确管理任务后，首先要收集研究区相关的地质、水文、气象等相关资料，提出水文地质调查设计书，补充开展相关地质、水文地质工作。搞清楚研究区上含水层结构、参数、边界性质、补给径流条件。收集水资源开发利用情况、规划方案。了解地下水开发的技术经济条件和水资源在不同行业所获得的经济效益和环境效益，了解有关的法律和法规。

这些工作完成后，要建立研究区的水文地质概念模型。

3. 预报模型和管理模型的建立及求解

在概念模型的基础上，进一步建立地下水运动的预报模型，预报模型是水资源管理的基础。在预报模型的基础上，根据运筹学等优化理论方法，建立地下水管理模型。包括水量和水质的管理模型。然后采用优化理论求解管理模型。模型建立时就应该注意到求解模型的方法。

4. 管理规划的综合评价

对管理模型进行优化求解，特别是多目标管理问题，一般有多个解。要确认哪个是合

理的。模型应进行敏感度分析。还要从技术、经济、环境、社会、法律等方面对模型进行综合评价，论证其可行性，选定最后的优化方案。

5. 决策方案的实施与运行

这是将管理规划方案付诸实施的关键阶段，不仅有施工技术问题，还涉及社会经济乃至法律和制度上的问题。因此，一方面要求规划人员必须向施工工人解释规划方案的内容，并编制工程实施详细说明，密切合作。一旦出现新情况，要随时加以修正和调整。另一方面要与当地政府和群众密切联系，取得他们的支持和协助，才能使地下水资源管理方案得以顺利实施。

6. 反馈信息的监测调控

地下水管理模型不是一劳永逸的，一个模型的建立、求解和运行的过程，就是对含水层再认识的过程。要根据新情况，不断对模型进行修正。

一个完整的水资源管理工作流程如图 5.1 所示。

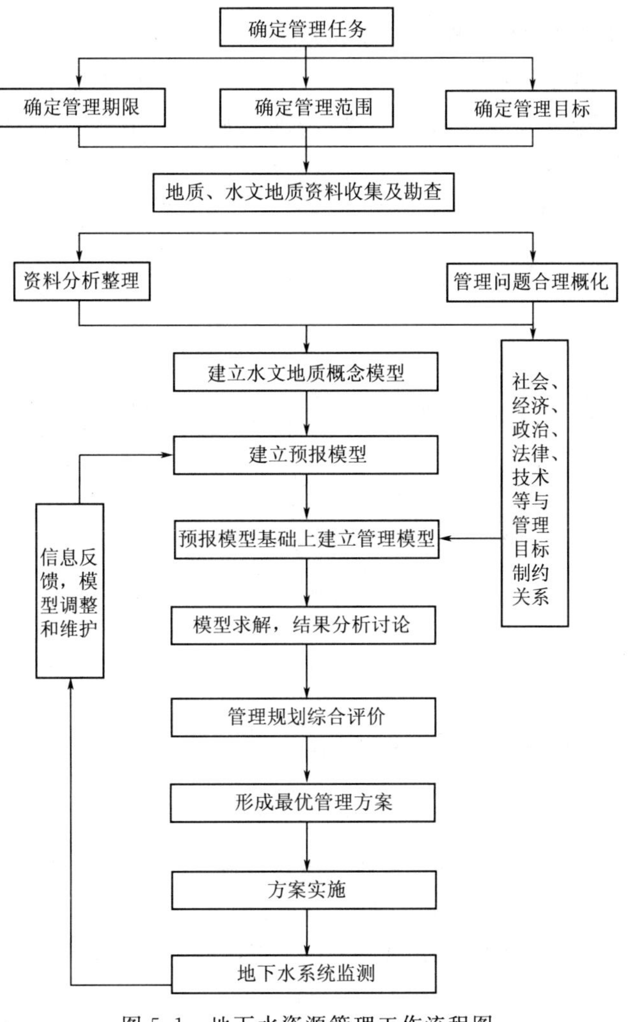

图 5.1　地下水资源管理工作流程图

附　　录

上机 1：线性方程组和 LP 模型的计算机求解

1. 实验目的

掌握利用 Excel“规划求解”工具求解线性方程组和 LP 问题，掌握利用程序求解 LP 问题的方法。

2. 实验内容

(1) 熟悉 Excel 求解规划问题的前提和方法。

前提：需加载“规划求解”。加载过程：Excel-“工具-加载宏-规划求解-确定”，在安装提示下装入“规划求解”(需安装盘)。加载后在“工具”中会出现“规划求解”。Office2000 及以上版本都有。举例：

$\max Z=5x_1+8x_2+6x_3$

$x_1+x_2+x_3\leqslant 12$

$x_1+2x_2+3x_3\leqslant 20$

$x_1、x_2、x_3\geqslant 0$

初始表格如附图 1 所示。

	A	B	C	D	E	F
1		x_1	x_2	x_3	计算值	条件限制
2	变量结果					
3	目标函数	5	8	6	0	
4	约束条件1	1	1	1	0	12
5	约束条件2	1	2	3	0	20

附图 1　线性规划求解 Excel 初始表

E3 中输入的公式：＝＄B＄2＊B3＋＄C＄2＊C3＋＄D＄2＊D3，然后向下复制到 E4：E5。

选中 E3，“工具-规划求解”，设置如附图 2 所示。

点“求解”，运算结果如附图 3 所示。注意选项中“假定非负”和“采用线性模型”适当使用。

对线性方程组，可将第一个等式条件当成目标函数(值为)，其余按约束条件处理。

(2) 利用 Excel 进行灵敏度分析，验证结果。

(3) 另选一种方法，MATLAB、LINGO、程序等，熟悉程序界面，选定例题求解线性规划问题。掌握利用程序求解 LP 问题的方法。

下面是程序求解线性规划问题的步骤(每种程序数据准备方式有差异)：

1) Setup 安装。

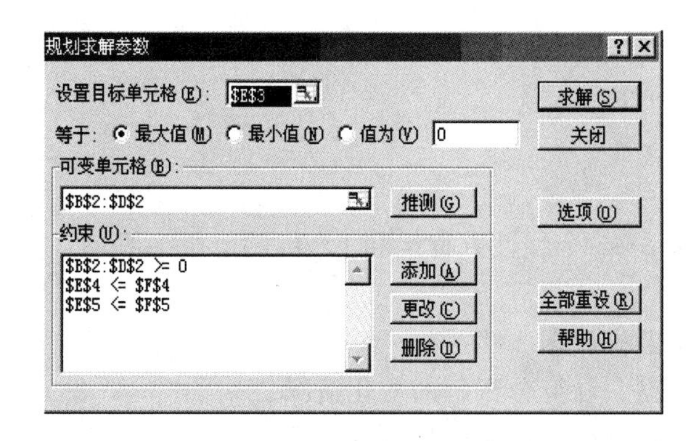

附图 2　线性规划求解面板

	A	B	C	D	E	F
1		x_1	x_2	x_3	计算值	条件限制
2	变量结果	4	8	0		
3	目标函数	5	8	6	84	
4	约束条件1	1	1	1	12	12
5	约束条件2	1	2	3	20	20

附图 3　线性规划求解结果

2）用 Word（写字板或记事本均可）准备输入数据。文件保存为纯文本——MS-DOS 文件，文件扩展名须为 dat。输出数据也为 dat 类型。

数据准备按如下顺序，数据间用英文逗号分开，为清晰起见，可以适当多行。如下模型及其数据准备：

$$\max Z=3x_1+2x_2+5x_3$$
$$x_1+2x_2+x_3\leqslant 430$$
$$3x_1+2x_3\leqslant 460$$
$$x_1+4x_2\leqslant 420$$
$$x_2+x_3\geqslant 2$$
$$x_1,\ x_2,\ x_3\geqslant 0$$

$$m,\ n,\ le,\ ge,\ eq,\ op,\ mm,\ mty$$

其中：m 为约束方程数；n 为变量数；le 为≤约束方程数；ge 为≥约束方程数；eq 为=约束方程数；op 极大为 1，极小为 0；mm，1 为输出输入数据，0 为不输出；mty，1 为输出中间结果，0 为不输出。

CODE（*m*）　各约束方程标示 0 为≤、1 为≥、2 为=

A（*m*，*n*）　系数矩阵，按行序　*B*(*m*)　常数项，按列序　*C*(*n*)　价值系数

数据准备可以用 Word 编辑，用 MS-DOS 格式保存（如输入、输出文件名为 in.dat 和 out.dat）。运行时，选择输入文件，给出输出文件名，点“OK”即可看到结果。详细结果可以打开输出文件（如 out.dat）查看。

上述例题的输入数据为（注意英文输入法下编辑）

4,3,3,1,0,1,1,0

0,0,0,1

1,2,1,3,0,2,1,4,0,1,0,1

430,460,420,2

3,2,5

（4）分别自行准备3～5个线性方程组和LP例题上机练习。

3. 实验要求

（1）要求独立准备上机数据。

（2）应设计不同数据，计算分析解的变化情况。

（3）根据实验内容，分析完成实验报告（手写）。

上机2：嵌入法和响应矩阵法的计算机求解

1. 实验目的

掌握利用Excel“规划求解”工具和给定程序解LP的嵌入法和响应矩阵法问题，加深对二方法的理解。

2. 实验内容

（1）可利用课堂介绍的嵌入法几个例题或自行设计管理模型并给出数据准备。

（2）可利用课堂介绍的响应矩阵法几个例题或自行设计管理模型并给出数据准备，如［例2.19］数据及Excel结果见附表1。

附表1　　［例2.19］数据准备及计算结果

	$Q_1(1)$	$Q_2(1)$	$Q_3(1)$	$Q_1(2)$	$Q_2(2)$	$Q_3(2)$	计算值	条件限制
变量结果	5000.00	0.00	0.00	2717.66	0.00	4782.34		
目标函数	0.2793	0.6559	0.8310	0.4990	0.9020	1.0447	7749.213	
约束1	1	1	1	0	0	0	5000	5000
约束2	0	0	0	1	1	1	7500	7500
约束3	0.0903	0.1012	0.0878	0.2967	0.1308	0.0716	1600	1600

（3）对（1）、（2）最好是同一模型，这样可以进行计算结果适当分析对比。

（4）为有助于分析水文地质条件，可以自己适当调整约束条件，分析讨论计算结果。

3. 实验要求

（1）要求独立准备上机数据，需要上机前准备的数据要事先准备。

（2）应设计不同数据，计算分析解的变化情况。

（3）根据上机结果，给出课堂例题（3单元2时段潜水含水层管理模型）嵌入法和响应矩阵法求解的详细过程，并对比分析。或者画图单独设计一个地下水水量管理模型（非课堂讲的例题，可以是稳定的，也可以是非稳定的，如2单元3时段问题，数据可以参考3单元2时段问题例题），有关约束条件及参数等数据自己假定。给出问题的嵌入法和响应矩阵法详细求解过程，并对比分析。

（4）实验例题可以参考课堂例题的Excel文件。

（5）根据实验内容，分析完成实验报告（手写）。

参　考　文　献

[1] Groundwater Systems Planning and Management，Robert Willis、Williams W－G. Yeh，Prentice－Hall Inc，1987.

[2] 鲍新华，才文韬，李鸿雁，等. Excel 规划求解在地下水资源管理中的应用 [J]. 工程勘察，2010，(3)：38－41.

[3] 鲍新华，殷术奎，孙有泉，等. 比选法与层次分析法在农安支线供水线路优选中的应用 [J]. 世界地质，2012，31 (1)：210－217.

[4] 鲍新华. 层次分析法在最佳水源地选择中的应用 [J]. 工程勘察，1991，(6)：40－42.

[5] 鲍新华. 一维动态规划方法在输水线路选择、水资源分配与调度中的应用比较 [C]//东北、内蒙古地区青年地质工作者科学研究论文集，长春：吉林大学出版社，1993：244－248.

[6] 柴崎达雄. 地下水盆地管理 [M]. 王秉臣，等，译. 北京：地质出版社，1982.

[7] 陈爱光，李慈君，曹剑锋. 地下水资源管理 [M]. 北京：地质出版社，1991.

[8] 陈华友. 运筹学 [M]. 合肥：中国科学技术大学出版社，2008.

[9] 段永侯. 我国地质灾害的基本特征与发展趋势 [J]. 第四纪研究，1999，(3)：208－216.

[10] 宫辉力，鲍新华. 层次分析法在水质污染模糊综合评判中的应用 [J]. 地下水，1989，11 (4)：193，198.

[11] 郭海朋，白晋斌，张有全，等. 华北平原典型地段地表沉降演化特征与机理研究 [J]. 中国地质，2017，44 (6)：1115－1127.

[12] 林锉云，董加礼. 多目标优化的方法与理论 [M]. 长春：吉林教育出版社，1992.

[13] 林学钰，焦雨. 石家庄地下水资源的科学管理 [M]. 长春地质学院学报 (专辑)，1987.

[14] 林学钰、廖资生. 地下水管理 [M]. 北京：地质出版社，1995.

[15] 刘茂华. 线性规划在运输问题中的应用 [J]. 大庆师范学院学报，2007，27 (2)：76－80.

[16] 卢文喜. 地下水系统的模拟预测和优化管理 [M]. 北京：科学出版社，1999.

[17] 栾颖. MATLABR2013a 求解数学问题 [M]. 北京：清华大学出版社，2014.

[18] 罗建男，鲍新华，辛欣.《地下水资源管理》课程教学改革探索 [J]. 科技创新导报，2016，(4)：125－127.

[19] 马建华. 运筹学 [M]. 北京：清华大学出版社，2014.

[20] 马莉. MATLAB 数学实验与建模 [M]. 北京：清华大学出版社，2010.

[21] 门宝辉，尚松浩. 水资源系统优化原理与方法 [M]. 北京：科学出版社，2018.

[22] 尚松浩. 水资源系统分析方法及应用 [M]. 北京：清华大学出版社，2006.

[23] 孙金华. 水资源管理研究 [M]. 北京：中国水利水电出版社，2011.

[24] 王大纯，张人权，史毅虹，等. 水文地质学基础 [M]. 北京：地质出版社，1995.

[25] 王志新. MATLAB 程序设计及其数学建模应用 [M]. 北京：科学出版社，2013.

[26] 项家樑. MATLAB 在大学数学中的应用 [M]. 上海：同济大学出版社，2014.

[27] 许广森，刘文兴. 层次分析法在城市水资源系统管理方案选择中的应用 [J]. 工程勘察，1987，(2)：34－38.

[28] 许涓铭，邵景力. 地下水管理问题讲座 [J]. 工程勘察，1988，1－6 期.

[29] 雅·贝尔. 地下水水力学 [M]. 许涓铭，等译. 北京：地质出版社，1985.

[30] 杨悦所，林学钰. 实用地下水管理模型 [M]. 长春：东北师范大学出版社，1992.

[31] 殷跃平，张作晨，张开军. 我国地面沉降现状及防治对策研究 [J]. 中国地质灾害与防治学报，2005，16 (2)：1－8.

[32] 于福荣，卢文喜，鲍新华，等．含有协变量的非线性地下水优化管理模型研究 [J]. 人民长江，2011，42 (5)：39-42.
[33] 袁新生，邵大宏，郁时炼．LINGO 和 Excel 在数学建模中的应用 [M]. 北京：科学出版社，2012.
[34] 《运筹学》教材编写组（钱颂迪等）．运筹学 [M]. 4 版．北京：清华大学出版社，2013.
[35] 张人权，梁杏，靳孟贵，等．水文地质学基础 [M]. 北京：地质出版社，2018.
[36] 赵勇，裴源生，陈一鸣．我国城市缺水研究 [J]. 水科学进展，2006，17 (3)：389-393.
[37] 中国科学院．地下水科学 [M]. 北京：科学出版社，2018.
[38] 左其亭，窦明，吴泽宇．水资源规划与管理 [M]. 2 版．北京：中国水利水电出版社，2005.